Sharina Alves

Mobiler 3D-Druck als Innovation in der Baubranche

Bibliografische Information der Deutschen Nationalbibliothek:

Die Deutsche Nationalbibliothek verzeichnet diese Publikation in der Deutschen Nationalbibliografie; detaillierte bibliografische Daten sind im Internet über http://dnb.d-nb.de abrufbar.

Impressum:

Ein Imprint der GRIN Publishing GmbH, München

Druck und Bindung: Books on Demand GmbH, Norderstedt, Germany

Covergestaltung: GRIN Publishing GmbH

Inhaltsverzeichnis

Abbildungsverzeichnis

Tabellenverzeichnis

Abkürzungsverzeichnis

3D	Drei-Dimensionen
AM	Additive Manufacturing
AT	Arbeitstage
BIM	Business Information Modelling
CC	Contour Crafting
C-Fab	Cellular Fabrication
CP	Concrete Printing
DS	D-Shape
FuE	Forschung und Entwicklung
KMU	Kleine und Mittelständische Unternehmen
KS	Kalksand
ME	Mengeneinheit
RP	Rapid Prototyping
RM	Rapid Manufacturing
WDVS	Wärmedämmverbundsystem

1 Grundlegung der Arbeit

1.1 Gegenstand der Arbeit

Die Baubranche hat sich in den letzten 100 Jahren kaum verändert. Es gibt riesige Bauprojekte mit immer größer werdenden Wolkenkratzern, immer länger werdenden Brücken und immer futuristischeren Formen. Aber das tägliche Baugeschäft und die Art wie wir bauen, ist abgesehen von einigen innovativen Materialien und Techniken ziemlich gleichgeblieben. Das könnte sich bald ändern. Der 3D-Druck, der bisher nur für die Herstellung von Gebäudemodellen eingesetzt wurde, könnte die Art und Weise, wie unsere Baukonstruktionen gebaut werden, drastisch verändern. In den letzten Jahren wurden 3D-Drucker entwickelt, die auf der Baustelle mit Beton Gebäude drucken können. Nach kurzer Zeit wurden weltweit Videos viral, die zeigen, wie ein Drucker in einem Tag ein ganzes Gebäude druckt. Es wird mit niedrigeren Kosten, höherer Genauigkeit und weniger Abfall geworben. Doch was steckt hinter dieser neuen Technologie?

1.2 Aufbau und Zielsetzung der Arbeit

Die Thesis wird mit einer Analyse der Gegenwärtigen Bauwirtschaft eingeleitet. Sie bildet die Grundlage für die Notwendigkeit von Innovationen im täglichen Baugeschäft. Dabei wird zum einen auf die hohe Nachfrage nach Wohnraum bei gleichzeitigen Kapazitätsengpässen eingegangen, die aus der geringen Automatisierung und der stagnierenden Arbeitsproduktivität resultieren. Anschließend wird beschrieben, was der Grund für die Innovationsschwäche der Baubranche sein könnte und welche Potenziale die Digitalisierung für diese birgt. Der 3D-Druck wird als einer der zukünftigen Digitalisierungstrends betrachtet.

Daraufhin wird die 3D-Druck Technologie für den Baubetrieb erklärt. Angefangen bei der Entwicklung über die letzten Jahre werden die drei grundlegenden Betondruckmethoden beschrieben, auf welche alle folgenden Methoden zurückgehen. Letztendlich wird ein Überblick über den aktuellen Stand der Anwendungspraxis durch die kurze Vorstellung einiger Unternehmen und Projekte gegeben.

Den Hauptteil bildet der Vergleich zwischen der konventionellen Bauweise und dem 3D-Gebäudedruck. Der Vergleich ist unterteilt in die Bereiche Arbeitskräfte, Qualität, Bauablauf, Baukosten und -zeit, Nachhaltigkeit und Einsatzbereiche. Nur die Faktoren, die sich zwischen den beiden Methoden signifikant unterscheiden, werden hierbei genauer betrachtet, um so die Stärken und Schwachpunkte besser herauszukristallisieren.

In der Ergebnisdiskussion wird eine SWOT-Analyse durchgeführt, in der die Ergebnisse des Vergleichs zusammengefasst und im Zusammenhang mit den externen Chancen und Risiken analysiert werden. Schlussendlich werden die hindernden Faktoren für die Einführung des 3D-Drucks in die Bauindustrie beschrieben und eine abschließende Aussage, sowie ein Ausblick über die Verwendung der Methode als Alternative zur Erstellung von Gebäuden getroffen.

Ziel dieser Arbeit ist es im ersten Schritt die derzeit vorhandenen Informationen über den 3D-Betondruck zu bündeln und weitestgehend zu erläutern, um einen Überblick über diese neuartige Methode mit Konzentration auf die im Vergleich genannten Bereiche zu erlangen. Da diese Gebäudeerstellungsmethode noch sehr neu ist und vielfach noch im Forschungsprozess steckt, gibt es bisher nur rudimentäre wissenschaftliche Literatur, welche die Methode in ihrer Gesamtheit betrachtet. Diese Arbeit soll hierfür einen Ansatz leisten.

Im zweiten Schritt wird das Ziel verfolgt, eine abschließende Aussage darüber zu treffen, inwiefern der 3D-Betondruck auf Grundlage der verfügbaren Informationen eine Alternative zur konventionellen Gebäudeherstellung darstellt. Dabei sollen die hemmenden sowie auch die fördernden Faktoren bei der Einführung betrachtet und auf ihre Wirkung hin beurteilt werden.

1.3 Themenabgrenzung

Der 3D-Druck von Bauteilen beschränkt sich längst nicht nur auf Beton. Mittlerweile gibt es Verfahren, bei denen Reisstroh, Holzleim und andere Materialen für den Gebäudedruck verwendet werden. Da mit der Vielzahl an Materialien auch eine Vielzahl an Druckmethoden und Eigenschaften einhergehen, würde es die Komplexität der Masterthesis überschreiten all diese mit in einen Vergleich einzubeziehen. Deshalb werden im Folgenden lediglich betonartige Materialien und deren Druckverfahren behandelt.

Es wäre ebenfalls denkbar, den 3D-Betondruck mit der Plattenbauweise zu vergleichen, bei der Gebäude aus in Fabriken vorgefertigten Betonplatten zusammengefügt werden. Die Baukosten von Wohn- und Bürogebäuden, die als Plattenbauten errichtet werden, sind in der Regel jedoch höher als die von Bauwerken, die in Mauerwerksbau errichtet werden. Das liegt daran, dass Stahlbetonbau teurer ist, als Mauerwerksbau. Dazu kommt, dass Verbindungselemente aus Edelstahl herzustellen sind, die sperrigen Platten über zum Teil weite Entfernungen transportiert werden müssen und der gesamte Planungsprozess vor der Fertigung im Werk abgeschlossen sein muss. Deshalb werden bei individuell gefertigten Gebäuden lediglich die Decken, Dachplatten und Treppenhäuser im Werk gefertigt. Dementsprechend werden Wände von Wohn- und Bürogebäude immer noch hauptsächlich mit Mauerwerk errichtet. Der Vergleich von konventioneller (Mauerwerks-)Bauweise und mobiler 3D-Druckbauweise bei Wohn- und Bürogebäuden ist in diesem Falle folglich passender.

Beim Bau von Hallen und Fabriken ist die Verwendung von vorgefertigten Bauteilen üblich, da diese meist keine hohen individuellen Anforderungen habe. Aus dem Grund wird in der folgenden Arbeit der Bau von industriellen Bauwerken vernachlässigt. Dies schließt nicht aus, dass die 3D-Betondruckweise nicht auch vorteilhaft für den Einsatz in diesem Bereich wäre.

Der 3D-Betondruck kann ebenfalls in Fabriken zur Vorfertigung von Bauteilen angewandt werden. In dieser Arbeit soll aber aus den zuvor genannten Gründen allein der mobile 3D-Betondruck auf der Baustelle betrachtet werden.

2 Gegenwärtige Situation der deutschen Bauindustrie

Derzeit erlebt der Bau in Deutschland einen Aufschwung wie viele Jahre nicht und das dürfte sich in den kommenden Jahren höchstwahrscheinlich auch nicht ändern. Gleichzeitig nehmen die Kapazitätsengpässe auf der Seite des Baugewerbes stetig zu. Dazu stagniert die Produktivität der Branche seit langer Zeit. Bei der Suche nach Lösungen ruhen die Hoffnungen immer stärker auf den Trends der Digitalisierung. Vereinzelnd sind schon heute einige digitale Technologien im Einsatz. Bis zur flächendeckenden Anwendung und dem allgemeinen Bewusstsein über die Notwendigkeit von diesen Technologien dürfte jedoch noch einige Zeit vergehen.[1]

2.1 Hohe Nachfrage nach Wohnraum und Kapazitätsengpässe

Der Wohnungsbau profitiert seit einiger Zeit von der hohen Nachfrage nach Wohnraum. Grund dafür ist der demografische Wandel. Während im bundesdeutschen Durchschnitt die Bevölkerung schrumpft, verzeichnen die Großstädte beständig steigende Einwohnerzahlen. Vornehmlich gut ausgebildete junge Menschen wandern aus ländlichen Regionen in die Großstädte, aber auch zunehmend jüngere Senioren, da die Gesundheits-, Freizeit- und Kulturangebote attraktiver sind als auf dem Land. Weitere Gründe sind vor allem aber auch die niedrigen Zinsen und das steigende Einkommen. Dieses Wachstum wird in den kommenden Jahren nur leicht aufgrund vom Mangel an Bauflächen sowie den hohen Baukosten abflachen.[2]

Das Wachstum im Wohnungsbau hängt neben anderen Faktoren in hohem Maße von der Verfügbarkeit der Handwerker ab. Die Zahl der Beschäftigten hat in den letzten fünf Jahren allerdings nicht wesentlich zugenommen. Dies hat negative Folgen sowohl für den Neubau als auch für den Bestandsmarkt. Bauunternehmen müssen sich dementsprechend wieder intensiver um Arbeitskräfte bemühen. Im Bauhauptgewerbe sind die Beschäftigtenzahlen in

---

1 vgl. *Kocijan, M.*: Digitalisierung im Bausektor, 2018, S.42

2 vgl. *Haas, H.; Henger, R.; Voigtländer, M.*: Wohnimmobilienmarkt, 2013, S.7f.; *Kocijan, M.*: Digitalisierung im Bausektor, 2018, S.42f.

den letzten Jahren wieder gestiegen, da immer mehr ausländische Arbeitskräfte angeworben werden. Dennoch reichen die vorhandenen Arbeitnehmer nicht aus, um der Nachfrage gerecht zu werden. So klagten im Jahr 2017 ganze 19% der Bauunternehmen über Behinderungen der Bautätigkeit aufgrund von Arbeitskräftemangel.[3]

Abbildung 1 zeigt deutlich, dass der Fachkräftemangel für ein Drittel der Unternehmen in der Industrie und sogar für mehr als zwei Drittel der Firmen des Baugewerbes ein Risiko für die wirtschaftliche Entwicklung darstellt. Die Tendenz ist steigend und wird im Hinblick auf die Entwicklung in den kommenden Jahren vorerst auch nicht abflachen.

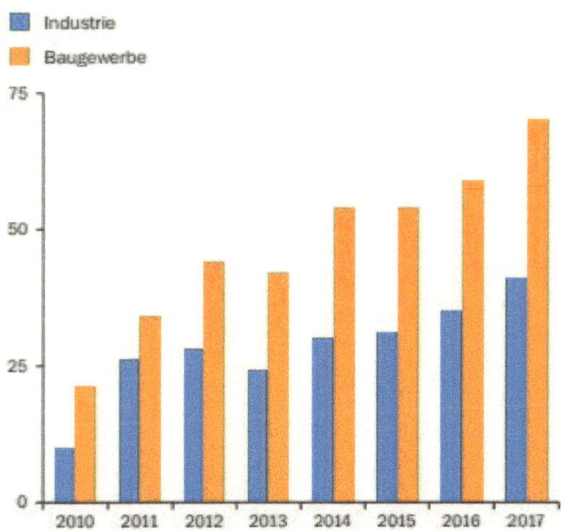

Abb. 1: Fachkräftemangel als Risiko für die eigene wirtschaftliche Entwicklung in Prozent
Quelle: *Die Deutsche Bauindustrie*: Bauwirtschaft im Zahlenbild, 2017, S.29

2.2 Fehlende Automatisierung und stagnierende Arbeitsproduktivität

Der Einsatz von Automatisierung und Robotik im Bauwesen ist eine echte Perspektive, das stellen nur wenige in Frage. Während es bereits Basistechnologien gibt, die stetig weiterentwickelt und verfeinert werden, ist die

---

[3] vgl. *Kocijan, M.*: Digitalisierung im Bausektor, 2018, S.43

Frage, was den Fortschritt noch hindert. Der Bausektor ist einer der größten der Weltwirtschaft mit jährlich rund 9 Billionen Euro für Baustoffe und Dienstleistungen. Die Produktivität der Branche ist jedoch seit Jahrzehnten hinter den anderen Sektoren zurückgeblieben.[4]

Arbeitsproduktivität ist definiert als die Wertschöpfung der Bauarbeiter (abzüglich der eingekauften Materialien) pro Arbeitsstunde und deren inflationsbereinigtes Wachstum im Zeitverlauf. Eine Erhöhung bedeutet, dass Kunden mit den gleichen oder weniger Ressourcen ein höherer Wert geboten werden kann. Dies führt zu einer erstrebenswerten Mischung aus niedrigeren Kosten für Eigentümer, höherer Rentabilität für Auftragnehmer und höheren Löhnen für Arbeitnehmer. Ein oder zwei dieser Ziele können auch ohne Produktivitätswachstum erreicht werden, nämlich durch Verringerung von Löhnen oder Margen, um die Kosten zu senken oder die Preise für Eigentümer zu erhöhen, um die Lohnanforderungen erfüllen zu können, aber die Kombination aller drei erfordert Produktivitätszuwachs. Hohe Arbeitsproduktivität geht zudem auch oft mit kürzeren und zuverlässigeren Zeitplänen einher.[5]

Weltweit betrug das Wachstum der Arbeitsproduktivität im Bauwesen in den letzten zwei Jahrzehnten durchschnittlich 1 % pro Jahr, verglichen mit 2,8 % in der gesamten Weltwirtschaft und 3,6 % in der verarbeitenden Industrie. Ohne Veränderungen wird der globale Bedarf an Infrastruktur und Wohnraum schwer zu decken sein. Wenn die Bauproduktivität gegenüber der Gesamtwirtschaft aufholen würde, könnte die Wertschöpfung der Branche in der Theorie um 1,4 Billionen Euro pro Jahr steigen. Das würde das weltweite BIP um etwa 2 % steigern.[6]

---

4 vgl. *Chamberlain, A.*: Automation and Robotics in Construction, 1994, S.223f.; *MGI*: Reinventing construction, 2017, S.1

5 vgl. *MGI*: Reinventing construction, 2017, S.4

6 vgl. *MGI*: Reinventing construction, 2017, S.1

2.3 Innovationshemmnisse und Potenziale der Digitalisierung

Angesichts der aktuell hohen Baunachfrage und der gleichzeitig limitierten Kapazitäten stellt sich die Frage, ob die Digitalisierung die Bauabläufe verbessern und letztlich auch beschleunigen kann. Aus der Sicht vieler Baufirmen basiert die Entscheidung für oder gegen die Einführung digitaler Prozesse jedoch zuerst einmal auf den möglichen Auswirkungen auf die eigene Profitabilität. Die Gewinnspanne im Bauhauptgewerbe ist nämlich im Vergleich zu anderen Branchen nur unterdurchschnittlich. Die Implementierung neuer Technologien erfordert aber beachtliche Anstrengungen und Kosten. Viele Baufirmen erwarten deshalb eine merkliche Steigerung ihrer Margen, da sonst der vorausgegangene Aufwand in Frage gestellt wird. In der Tat sind die Potentiale zur Fehlervermeidung bzw. Effizienzsteigerung enorm. So wird heute in Deutschland beispielsweise der Fehlerkostenanteil im Bauhauptgewerbe auf rund 10 % des Jahresumsatzes von mehr als 100 Mrd. Euro geschätzt. Eine spürbare Reduzierung dieser Mehrarbeiten bzw. Zusatzkosten könnte somit zu einer deutlichen Erhöhung der Gewinnspanne im Bau führen.[7]

Traditionell wird die Bauwirtschaft als Low-Tech-Branche wahrgenommen, die wenig innovativ ist und mit hohen Innovationshemmnissen zu kämpfen hat. Zu letzteren gehören beispielsweise der enge Zeit- und Kostenrahmen in Bauprojekten und der hohe Anteil kleiner und kleinster Unternehmen in der Wertschöpfungskette. Auch die räumliche und sektorale Zergliederung der Branche erleichtert keineswegs die Streuung von Wissen und Innovationen. Zusätzlich finden die wesentlichen Innovationsaktivitäten nicht im Hauptgewerbe statt, sondern vielmehr bei den Lieferanten von Baustoffen, Ausrüstungen und Maschinen sowie bei den Bauingenieuren und Architekten. Diese Aspekte behindern eine Bündelung von Innovationen und werden als „innovation gap“ bezeichnet.[8]

Gegenwärtig stehen die Unternehmen in der Bauwirtschaft vor der Herausforderung, ihre betriebliche Organisation neu zu gestalten, um den

7 vgl. *Kocijan, M.*: Digitalisierung im Bausektor, 2018, S.43f.

8 vgl. *Butzin, A.; Rehfeld, D.*: Innovationsbiographien in der Bauwirtschaft, 2008, S.2

veränderten Kundenbedürfnissen durch neue dienstleistungsorientierte Marktstrategien gerecht zu werden. Gleichzeitig verändern sich die Rahmenbedingungen durch ein gestiegenes Bewusstsein für nachhaltiges Bauen und eine energieeffiziente Nutzung. Deshalb ist nicht allein eine Reorganisation einzelner Betriebe, sondern vielmehr eine insgesamt neue Positionierung der Branche notwendig.[9]

Es wurden bereits einige Anwendungen entwickelt bzw. werden zurzeit erforscht, um die Digitalisierung im Baugewerbe voranzutreiben. Zu nennen sind hier beispielsweise Cloud Computing, Virtual bzw. Augmented Reality, BIM, 3D-Druck und autonom agierende Maschinen. Mit Hilfe der Digitalisierung sollen Echtzeitinformationen für alle Beteiligten bereitgestellt und individuelle Serienproduktionen ermöglicht werden. Die Planungsqualität soll verbessert und die Produktivität erhöht werden. Alle Informationen sollen durchgängig für alle in jedem Arbeitsschritt verfügbar sein.[10]

Die Abbildung 2 veranschaulicht, dass die Trends im Bereich Digitalisierung/Technologie und Nachhaltigkeit die höchste Relevanz besitzen. Gleichzeitig sind sie noch relativ gering verbreitet. Der 3D-Druck ist eine der Technologien, die als hoch relevant eingestuft, aber beinahe am wenigsten von allen Trends umgesetzt bzw. verbreitet ist. Dies zeigt, dass es in diesem Bereich noch viele Hindernisse gibt, welche die weitere Entwicklung dieser Technologie unterdrücken. Für Unternehmen könnte es aber ggf. sinnvoll sein, sich bereits heute auf diese Entwicklung einzustellen und entsprechende Fachkenntnisse für die Zukunft aufzubauen.[11]

---

[9] vgl. *Butzin, A.; Rehfeld, D.*: Innovationsbiographien in der Bauwirtschaft, 2008, S.2

[10] vgl. *Kocijan, M.*: Digitalisierung im Bausektor, 2018, S.43f.

[11] vgl. *Baumanns, T., et al.*: Bauwirtschaft im Wandel, 2016, S.20

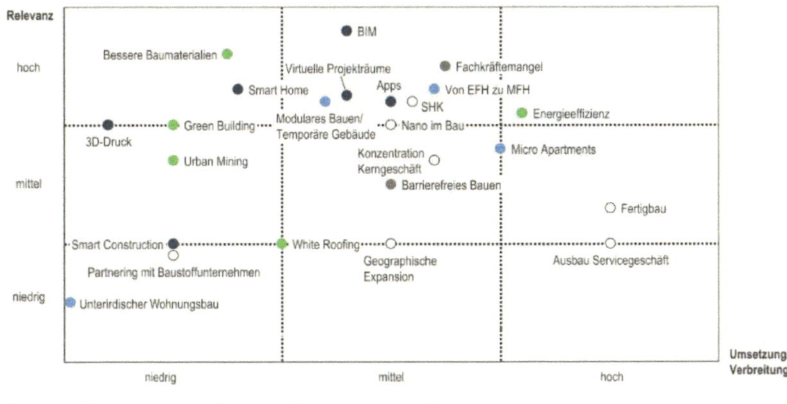

Abb. 2: Megatrends Nachhaltigkeit und Digitalisierung
Quelle: *Baumanns, T., et al.*: Bauwirtschaft im Wandel, 2016, S.20

Eine Umfrage an KMU in der Baubranche zeigt, dass der allgemeine Kenntnisstand zur 3D-Druck Technologie noch sehr begrenzt ist. Gut 70% der Unternehmen sind über diesen Trend wenig bis gar nicht informiert. Umso schwieriger gestaltet sich die Begeisterung solcher Unternehmen für die Investition in eine Betondruck-Technologie.

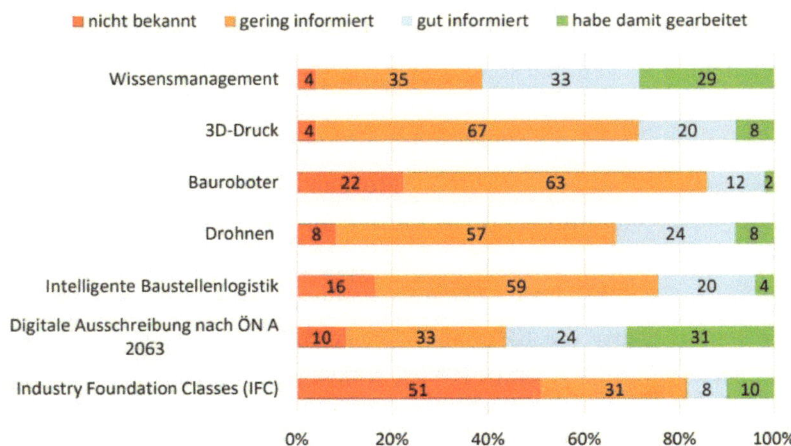

Abb. 3: Kenntnisstand Digitalisierungsthemen
Quelle: *Goger, G.; Piskenik, M.; Urban, H.*: Potenziale der Digitalisierung im Bauwesen, 2018, S.88

3 Funktionsweise des 3D-Gebäudedrucks

In den letzten zehn Jahren haben technische Forschungsteams mit dem 3D-Druck experimentiert, um Komponenten von Gebäuden und ganzen Häusern mit dieser Technologie zu erstellen. Der Druck erfolgt mit sogenannten „Super-Size-Druckern", die eine spezielle Mischung aus Beton und Verbundstoffen verwenden. Diese Mischung ist viel dicker als normaler Beton und stützt sich selbst.[12]

3.1 Historie

Traditionell war der Einsatz von 3D-Druck auf den Fertigungssektor beschränkt. Es wurde verwendet, um Prototypen mit geringen Produktionsvolumina, kleinen Teilgrößen und komplexen Designs zu produzieren. Daher wurde die 3D-Drucktechnologie während dieser Zeit üblicherweise als RP-Technologie bezeichnet. Das RP war lange Zeit auf das verarbeitende Gewerbe beschränkt, bis es Anfang des 21. Jahrhunderts zur Erstellung von Architekturmodellen in die Bauindustrie eingeführt wurde. Die Technologie war nützlich, um schnell physische 3D-Modelle zu erstellen. Der Druckvorgang konnte innerhalb von Stunden abgeschlossen sein.[13]

Schon seit 1995 gab es einige Versuche, konstruktive Materialien zu verwenden, die die Anwendbarkeit der Technologien in der Bauindustrie demonstrierten. Die CC Technik von *Khoshnevis* begann zunächst als neuartige keramische Extrusions- und Formmethode, als Alternative zu den aufkommenden Polymer- und Metall-3D-Drucktechniken, und wurde 1995 patentiert. *Khoshnevis* erkannte, dass diese Technik für die Erstellung von Freiformbauelementen genutzt und alle bisherigen 3D-Drucktechniken übertreffen könnte, bei denen die Bauteilabmessung in der Regel bei unter einem Meter lag. Dennoch war die Größe der Betonprodukte anfangs beschränkt. Das zentrale Thema lag anfangs jedoch weniger auf der Größe der Bauteile als

---

12 vgl. *Sakin, M.; Kiroglu, Y. C.*: Sustainable Houses of the Future, 2017, S.706

13 vgl. *Wu, P.; Wang, J.; Wang, X.*: Critical review of 3D printing in construction, 2016, S.25ff.

vielmehr auf der Flexibilität und Anpassungsfähigkeit des extruierten Betons.[14]

Im Jahr 2005 patentierte *Dini* die DS-Technologie. Mit seinem Pulverstrahlverfahren erreichte er eine Skalierung auf ca. 6 x 6 x 3 m. Darauf folgte im Jahr 2008 die CP-Technologie an der *Loughborough University* von *Buswell.*[15]

Es war lange Zeit nicht klar, ob aufgrund der Größe von den Druckern überhaupt mittelgroße oder große Gebäude mit der 3D-Drucktechnologien gedruckt werden können. Bei der Entwicklung von 3D-Druckern im großen Maßstab hat es in den letzten Jahren jedoch eine signifikante Verbesserung gegeben, um den Anforderungen des 3D-Druckens im industriellen Maßstab gerecht zu werden.[16]

Bei der Verwendung des 3D-Drucks für das Drucken von ganzen Gebäudeprojekten gab es einige wichtige Entwicklungen. Im Jahr 2014 hat *WinSun* in weniger als einem Tag die Wände für eine Häusergruppe von 10 Häusern (je 200m^2) in Shanghai gedruckt. Die Größe des in diesem Projekt verwendeten 3D-Druckers betrug 150 m x 10 m x 6,6 m, wodurch große Gebäude innerhalb von 24 Stunden mit hochwertigem Zement und Glasfaser gedruckt werden konnten.[17]

Im Jahr 2015 wurden vom selben Unternehmen eine Villa (ca. 1.100 m^2) und ein fünfstöckiges Wohnhaus von einem 3D-Drucker gedruckt. Die Villa und die Wohnung wurden jedoch nicht einteilig gedruckt. Stattdessen wurden die meisten Bauelemente vorgedruckt und anschließend installiert. Die Gebäude stehen als erste vollständige Strukturen ihrer Art, die mit 3D-

---

[14] vgl. *Khoshevis, B.*: Patent Contour Printing, 1995; *Wu, P.; Wang, J.; Wang, X.*: Critical review of 3D printing in construction, 2016, S.10f.; *Gardiner, J.*: Design of construction 3D printing, 2011, S.80ff.

[15] vgl. *Dini, E.; Nannini, R.; Chiarugi, M.*: Patent D-Shape, 2006; vgl. *Gardiner, J.*: Design of construction 3D printing, 2011, S.81

[16] vgl. *Wu, P.; Wang, J.; Wang, X.*: Critical review of 3D printing in construction, 2016, S.27f.

[17] vgl. *Wu, P.; Wang, J.; Wang, X.*: Critical review of 3D printing in construction, 2016, S.26f.

Konstruktionsdrucktechniken hergestellt wurden und demonstrieren dazu die Anwendbarkeit des 3D-Drucks von Bauprojekten mit mehreren Stockwerken.[18]

2016 druckte die Firma *Apis Cor* das erste Gebäude mit einem mobilen 3D-Drucker direkt auf der Baustelle in Stupino, Russland. In weniger als einem Tag wurden selbsttragende Wände, Trennwände und Gebäudehüllen bedruckt. Die reine Maschinenzeit betrug 24 Stunden.[19]

Noch gibt es jedoch viele Praktiker, die den Einsatz von 3D-Druck zum Drucken ganzer Häuser in Frage stellten. Sie sind der Meinung, es müsse eine Technologie genutzt werden, die sich einfacher und schneller in die moderne Konstruktion integrieren lässt als die derzeitigen Betondruckmethoden.[20]

3.2 Technische Methoden

Alle bis heute entwickelten 3D-Druck Techniken sind auf drei ursprünglichen Techniken zurückzuführen: Dem CP, dem CC und dem DS. Sie wurden auf den Bauzweck hin ausgerichtet und befinden sich heute in der praktischen Nutzung durch Unternehmen und Institutionen.

3.2.1 Contour Crafting

Das CC ist eine additive Fertigungstechnologie, welche vom Computer gesteuert wird und sehr große Objekte mit Abmessungen von mehreren Metern zuverlässig ausdrucken kann. Sie bedient sich dem Extrusionsverfahren, bei dem Beton durch eine Drüse extruiert wird. Diese Drüse bewegt sich mithilfe von Gerüstsystemen, Roboterarm o.ä. entlang der Gebäudekonturen und lagert eine Schicht Beton ab. Ist die Drüse die gesamte Gebäudekontur abgefahren, setzt sie ohne Pause wieder am Startpunkt an und druckt eine weitere Betonschicht auf die darunterliegende. Je nach Durchmesser der Drüse und Druckmethode kann so ein wellenförmiger Wandaufbau, eine Vollwand oder

[18] vgl. *Wu, P.; Wang, J.; Wang, X.*: Critical review of 3D printing in construction, 2016, S.26f.

[19] vgl. *apis cor*: Technology perspective, 12.01.2017

[20] vgl. *Wu, P.; Wang, J.; Wang, X.*: Critical review of 3D printing in construction, 2016, S.26f.

lediglich eine Wandschalung gedruckt werden (siehe Kapitel 4.3.2). An eine Wandschalung würde sich dementsprechend noch ein Füllprozess anschließen, bei dem Beton in die gedruckte Schalung gegossen wird, um den Bauteilkern aufzubauen.[21]

Eines der Hauptmerkmale des CC ist die Verwendung von zwei Kellen, die als zwei planare Oberflächen wirken und das gedruckte Objekt glatt und präzise machen. Diese ermöglichen die Erstellung von verschiedenen Oberflächenformen, ohne dafür verschiedene Spachtelwerkzeuge zu benötigen. In Abbildung 4 ist zu erkennen, dass die Extrusionsdrüse über eine obere und eine seitliche Kelle verfügt. Das Traversieren der Kellen während des Extruierens des Materials erzeugt eine glatte obere und äußere Schicht. Je nach Einstellung der Seitenkelle können auch nicht orthogonale Oberflächen hergestellt werden.[22]

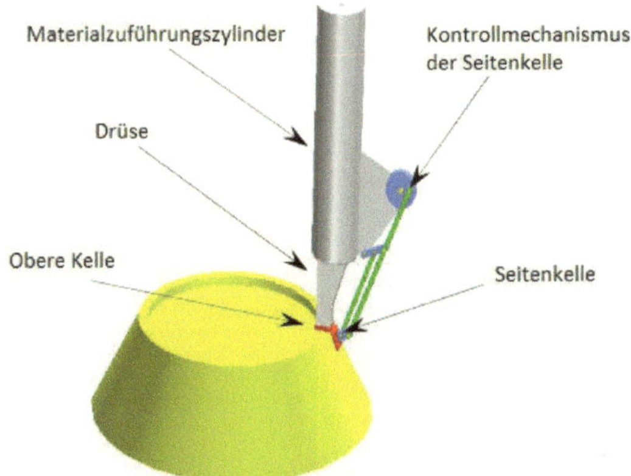

Abb. 4: Contour Crafting Drüse
Quelle: Aus dem Englischen nach *Khoshnevis, B.*: Automated Construction by Contour Crafting, 2004, S.6

21 vgl. *Ma, G.*: 3D printing technology of cementitious material, 2018, S.480f.

22 vgl. *Khoshnevis, B.*: Automated Construction by Contour Crafting, 2004, S.6f.

In Abbildung 5 ist der Druck einer Gebäudekonstruktion mit CC dargestellt, bei dem ein Gerüstsystem (Gantry) zum Einsatz kommt. In Gelb ist die auf dem Gerüst installierte Drüse zu erkennen, die an einen Betonsilo angeschlossen ist. Sie bewegt sich auf zwei parallelen Bahnen entlang der Schienen (der X-Achse), die den Gleitteil (die Y-Achse) tragen. Zusätzlich zur installierten Drüse ist in der Abbildung ein Greifarm zu sehen, der modellhaft darstellt, dass parallel zum Druck beispielsweise bereits das Einsetzen von Bewehrungsstäben möglich wäre. Mit diesem System kann ein Haus oder eine Serie von Häusern in einem einzigen Lauf konstruiert werden. Dabei kann das Design der Häuser jeweils ganz unterschiedlich sein. Die Vorteile von CC gegenüber anderen Schichtherstellungsprozessen sind die hohe Oberflächenqualität, eine hohe Herstellungsgeschwindigkeit und eine große Auswahl an verwendbaren Materialien.[23]

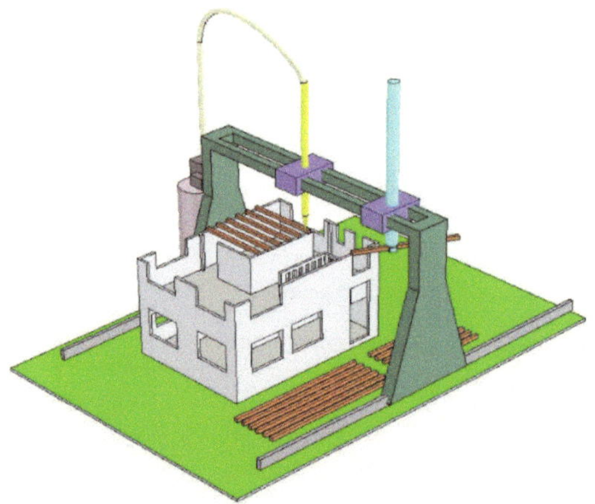

Abb. 5: Konstruktion eines konventionellen Gebäudes durch Contour Crafting
Quelle: *Khoshnevis, B.*: Automated Construction by Contour Crafting, 2004, S.7

[23] vgl. *Khoshnevis, B.*: Automated Construction by Contour Crafting, 2004, S.6f.; *Wu, P.; Wang, J.; Wang, X.*: Critical review of 3D printing in construction, 2016, S.11f.

3.2.2 Concrete Printing

Die Gebäudeerstellung mit der CP Maschine basiert auf der Abscheidung eines Pastenmaterials durch eine Extrusionsdüse, ähnlich wie bei der oben beschriebenen Herstellung durch CC. Der Hauptunterschied zwischen CC und CP liegt im Design der Düsen. Die CP Düse ist so konzipiert, dass sie ihre Auflösung so variieren kann, dass sowohl grobe Flächen als auch feine Details innerhalt desselben Prozesses abgeschieden werden können. Das führt dazu, dass der Druckprozess hier wesentlich langsamer abläuft als bei CC. Der Vorteil ist aber eine exaktere Umsetzung von komplexen Geometrien und damit auch die Herstellung von detailgetreueren kundenspezifischen Bauteilen. Die Nutzung dieser Technologie für die Erstellung von Gebäuden kommt zum jetzigen Zeitpunkt nicht in Frage, da diese Technologie aufgrund der Geschwindigkeit zu weit hinter dem CC zurückbleibt. Dennoch ist eine Nutzung für die Vorfertigung einzelner Bauteile denkbar.[24]

3.2.3 D-Shape

Die DS Technik unterscheidet sich stark von CC und CP. Während das CP und das CC sich Ablagerungstechniken von gemischten Materialien bedienen, um Objekte in Schicht aufzubauen, lagert DS Schichten von Rohmaterialien auf die Baufläche und erzeugt dann eine Zustandsänderung des Basismaterials. Als Gesteinskörnung kommen gemahlener Sandstein, Marmor oder Vulkangestein zum Einsatz. Die Gesteinskörnung wird vor dem Ausbringen auf die Baufläche mit einem Metalloxid in Pulverform gemischt. Nach Ausbringen einer Schicht wird ein rechteckiger Druckkopf mit bis zu 300 Düsen über das Partikelbett bewegt und eine Salzlösung in das trockene Gemisch eingebracht, wo es mit dem Metalloxid zu einem Bindemittel reagiert. Da der Abstand zwischen den einzelnen Düsen 20 mm beträgt, wird der Druckkopf pro Schicht 2 - 4 Mal leicht versetzt über das Partikelbett bewegt, um dicht an dicht liegende Spuren zu erhalten. Dementsprechend läuft der Druck mit

---

[24] vgl. *Gardiner, J.*: Design of construction 3D printing, 2011, S.86f.; *Ma, G.*: 3D printing technology of cementitious material, 2018, S.483f.; *Nematollahi, B.; Xia, M.; Sanjayan, J.*: Progress of 3D concrete printing, 2017, 262

dem DS Verfahren nur langsam ab. Nach Fertigstellung aller Schichten wird das ungebundene Material entfernt, das Bauteil mit einem zusätzlichen Bindemittel infiltriert und falls erforderlich nachbearbeitet.[25]

Während des Umwandlungsprozesses von körnigem Sand zu Sandstein, welcher ungefähr eine Stunde dauert, werden die nachfolgenden Sandschichten über der letzten Schicht abgelagert. Es ist nicht Notwendig, dass die gedruckte Schicht sofort einen festen Zustand erreicht, da sie sich mit der darauffolgenden Schicht so besser verbinden kann. Das bedeutet die nachfolgenden Schichten können schnell fortgesetzt werden, während die katalytische Reaktion in den darunter liegenden Schichten noch fortschreitet.[26]

Diese Druckmethode ist weniger auf den gewöhnlichen Wohnhausbau ausgelegt. Das liegt zum einen an der geringen Geschwindigkeit und zum anderen daran, dass der Druck weniger Detailgetreu ist. In Abbildung 6 ist gut zu erkennen, dass die Strukturen des gedruckten Bauteils nicht gradlinig und einheitlich sind. Diese Technologie macht es vielmehr möglich, zukünftig mit Materialien aus der Umgebung Gebäude herzustellen, die zweckgebunden sind und keinen nennenswerten ästhetischen Anspruch haben. In einem Forschungsprojekt der Europäischen Weltraumorganisation wurde so mit simuliertem Mondstaub bereits eine Mondbasis hergestellt. Ebenso soll es aber zukünftig auch möglich sein, Infrastrukturen wie Bunker, Krankenhäuser und Stützpunkte viel schneller und einfacher aufzubauen, als dies mit herkömmlicheren Methoden der Fall wäre. Sogar in Wüsten soll der 3D-Drucker zukünftig Gebäude erstellen.[27]

---

25 vgl. *Gardiner, J.*: Design of construction 3D printing, 2011, S.89ff.; *Henke, K.*: Extrusion von Holzleichtbeton, 2016, S.25ff.

26 *Gardiner, J.*: Design of construction 3D printing, 2011, S.89ff.

27 vgl. *Ma, G.*: 3D printing technology of cementitious material, 2018, S.479f.

Abb. 6: Mit D-Shape Methode gedruckte Säulen
Quelle: *Gardiner, J.*: Design of construction 3D printing, 2011, S.234

3.3 Aktueller Stand der Anwendungspraxis

Das CC ist wie bereits angedeutet die populärste Technik Gebäude zu drucken. Dennoch ist die Ausführung dieser Technologie in der Praxis von Unternehmen zu Unternehmen sehr unterschiedlich umgesetzt. Dieses Kapitel soll einen Überblick darüber geben, wie der aktuelle Stand der Anwendungspraxis ist. Die Aufführung der Unternehmen besitzt keinen Anspruch auf Vollständigkeit und beinhaltet lediglich einige der Pioniere dieser Technologie, sowie die, die sich durch ihre Ausführungsmethode von den anderen abheben. Dies schließt nicht aus, dass es noch weitere Projekte mit großem Erfinderreichtum gibt. Ebenso muss erwähnt werden, dass sich einige Unternehmen durch die zur Verfügung gestellten Materialien nicht auf ihre Seriosität hin überprüfen ließen.

Abb. 7: CyBe RC 3D Betondrucker
Quelle: *CyBe*: 3D Concrete Printers, 2018

CyBe Construction ist ein Bauunternehmen aus den Niederlanden. Es hat den ersten mobilen Extrusion-Betondrucker entwickelt, der sich auf Raupenketten bewegen kann. Dadurch kann dieser sich, sofern er zur Baustelle transportiert wurde, selbst positionieren und mithilfe von Standbeinen fixieren. Die Standbeine sind sogar ausfahrbar, so dass der Drucker ohne Probleme 4,5m hohe Bauwerke drucken kann. Dies hat er bereits beim Bau diverser Referenzgebäude in Frankreich, Italien, Dubai und sogar einer Brücke in den Niederlanden bewiesen. CyBe hebt sich aber auch dahingehend ab, dass Leichtbeton eingesetzt wird. Somit liegt nach eigenen Angaben das Maß des machbaren Überhangs bei 20%. Im Sommer 2018 startete ein Projekt in

Saudi-Arabien, bei dem das Unternehmen Häuser in der Wüste drucken soll.[28]

ICON ist ein Unternehmen in Texas, welches sich hauptsächlich der Bekämpfung der Wohnungslosigkeit verschrieben hat. In Kürze sollen günstige Häuser in den Slums von Südamerika mithilfe der eigenen entwickelten Drucktechnologie mit Gantry-Bauweise erstellt werden. Der Drucker wurde so konzipiert, dass es nahezu ohne Abfall produziert und unter unvorhersehbaren Bedingungen wie begrenzten Wasser-, Energie-, Arbeitsleistung und Infrastruktur zur Bewältigung von Wohnraumknappheit arbeiten kann.[29]

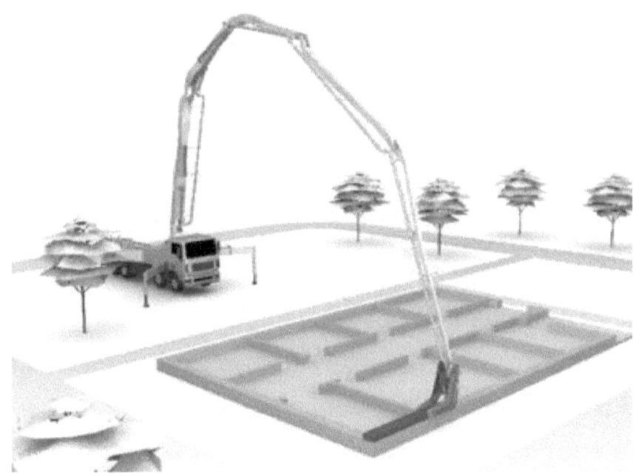

Abb. 8: CONPrint3D Autobetonpumpe
Quelle: *bftTUD*: 3D-Druck mit Beton, 08.04.2016

Im Laufe des Forschungsprojektes „Machbarkeitsuntersuchungen zu kontinuierlichen und schalungsfreien Bauverfahren durch 3D-Formung von Frischbeton“ der *TU Dresden* wurde das Unternehmen *CONPrint3D* gegründet und eine Autobetonpumpe zum Druck von Gebäuden entwickelt. Diese ist somit eigenständig fahrbar und druckt mithilfe eines präzise steuerbaren Verteilermasts (siehe Abb. 8) die gesamte Wanddicke in einem Durchgang.

---

28 vgl. *CyBe*: 3D Concrete Printers, 2018; *CyBe*: Projects, 2018; *Henke, K.*: Extrusion von Holzleichtbeton, 2016, S.32

29 vgl. *ICON*: corporate mission, 2018

Im April 2016 erhielt das Projekt auf der bauma München, „Weltleitmesse für Bau-, Baustoff- und Bergbaumaschinen, Baufahrzeuge und Baugeräte", den bauma Innovationspreis in der Kategorie Forschung.[30]

In Spanien hat das Startup *Be More 3D* nachgezogen und im Jahr 2014 in Kooperation mit der *Technischen Universität Valencia* einen eigenen 3D-Drucker entwickelt, der sich ebenfalls wie *CONPrint3D* besonders durch den großen Durchmesser seiner Extrusionsdrüse auszeichnet. Das Unternehmen druckte im Sommer 2018 einen Bungalow von $24m^2$ in nur 12 Stunden.[31]

Gleichzeitig wird an der *Technischen Universität München* erstmals ein Verfahren vorgestellt, mithilfe dessen eine additive Baufertigung unter Einsatz von Holzleichtbeton durchgeführt werden kann. Dieser besteht dementsprechend zu einem großen Anteil aus einem nachwachsenden Rohstoff. Dieser soll besonders gute Wärme- und Schallschutzwerte aufweisen. Für die Verarbeitung eines neuen Holz-Leichtbetons haben die Forscher an der TUM ebenfalls einen 3D-Drucker nach dem CC-Prinzip konzipiert und gebaut.[32]

Apis Cor ist die Entwicklerfirma eines mobilen 3D-Druckers, der in Polarkoordinaten arbeitet und sich somit selbst exakt ausrichten kann. Er druckt selbsttragende Wände und Trennwände, sowie beständige Schalung für Streifenfundament und Säulen aus bewehrtem Stahlbeton. Zukünftig sollen die Funktionen des Etagenbodens und Dachdrucks sowie die automatische horizontale Wand- und Fundamentbewehrung implementiert werden.[33]

Das chinesische Unternehmen Winsun (chin. „Yingchuang") ist wohl das bekannteste unter den 3D-Gebäudedruck Unternehmen. Das eingesetzte Verfahren basiert auf der Extrusion eines Frischbetons, der u.a. auch Recyclingmaterial enthält. Es hat bereits mehrere Familienhäuser, eine Villa und sogar ein 5 geschossiges Gebäude gedruckt, wobei einige Teile im Werk vorgedruckt worden sind. In Verbindung mit einem Joint Venture werden in 2018

---

30 vgl. *Henke, K.*: Extrusion von Holzleichtbeton, 2016, S.31; *Näther, M., et al.*: 3D-Druck Machbarkeitsuntersuchungen, 2017, S.34ff.

31 vgl. *UPV Radiotelevisió*: Primera casa en 3D en España, 20.07.2018

32 vgl. *Henke, K.*: Extrusion von Holzleichtbeton, 2016

33 vgl. *apis cor*: Construction technology, 2017

bis 2021 Fabriken in Saudi-Arabien, der U.A.E, Katar, Marokko, Tunesien und den Vereinigten Staaten und mehr als in anderen 20 Ländern errichten, um den 3D-Gebäudedruck zu popularisieren. Sie zielen vor allem auf den Nahen Osten und Afrika ab, um Familien mit niedrigem Einkommen günstige und effiziente Häuser zu bieten. Im Jahr 2016 gab das Unternehmen bekannt, bereits über 100 Familienhäuser für Kunden gedruckt zu haben.[34]

[34] vgl. *Henke, K.*: Extrusion von Holzleichtbeton, 2016, S.31; *Winsun*: AECOM agreement, 28.10.2017

4 Unterschiede und Gemeinsamkeiten zwischen konventionellem Bau und 3D-Gebäudedruck

4.1 Arbeitskräfte

4.1.1 Arbeitssicherheit

Abgesehen davon, dass der Bau heutzutage überholt ist, weil er immer noch hauptsächlich von der menschlichen Kraft abhängt, ist er einer der gefährlichsten Industriezweige. Im Jahre 2017 kam es durchschnittlich unter 1.000 Vollarbeitern bei 53,04 zu einem Arbeitsunfall. Damit ist der Baubereich nach der Erhebung des *DGUV* auf Platz eins. Nennenswert ist auch, dass es allein in 2017 zu 88 Todesfällen kam. Die häufigsten Todesursachen im Baugewerbe sind Abstürze von Dächern und Gerüsten, aber auch umstürzende Schalungselemente, Paletten und Ladungen von LKW.[35]

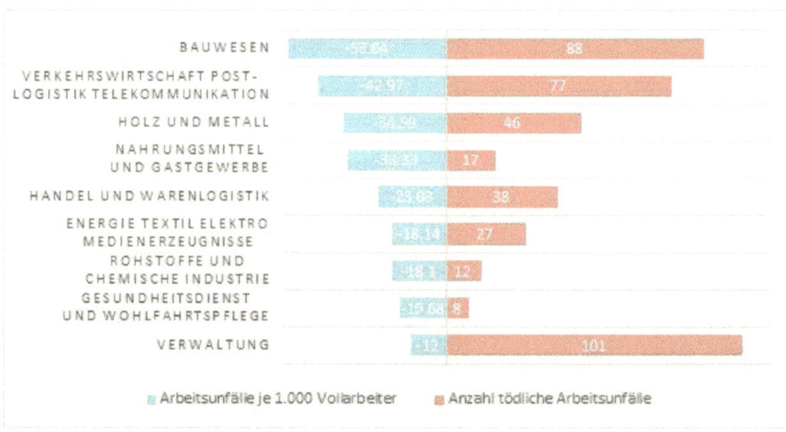

Abb. 9: Diagramm Arbeitsunfälle Deutschland 2017
Quelle: *DGUV*: Arbeitsunfälle, 2018

Die Folge dieser hohen Arbeitsunfallrate sind hohe Fehlzeiten unter den Arbeitskräften, an denen es ohnehin schon mangelt. Diese führen unweigerlich zu indirekten Kosten in Form von Lohnfortzahlungen für den Geschädigten

35 vgl. *DGUV*: Arbeitsunfälle, 2018

und Lohnkosten für Ersatzarbeitsplätze bzw. Überstunden. Dazu kommen Ausfallzeiten und Verzögerungen im Bauablauf, sowie Gerichtskosten, Verwaltungskosten etc. So kann ein Arbeitsunfall Kosten von mehreren tausend bis zehntausenden Euros nach sich ziehen.[36]

Abb. 10: Konventionelle Baustelle
Quelle: *Fernandes, G.; Feitosa, L.*: Impact of Contour Crafting on Civil Engineering, 2015, S.631

Abb. 11: Contour Crafting Baustelle
Quelle: *Fernandes, G.; Feitosa, L.*: Impact of Contour Crafting on Civil Engineering, 2015, S.631

Der große Vorteil der 3D-Druck Technologie ist der Einsatz von weniger Arbeitern auf der Baustelle (siehe Abb. 10 und 11). Ein sehr großer Teil des Rohbaus wird allein durch die Bedienung eines Computers ausgeführt, ohne das handwerkliche Arbeit nötig ist. Das Risiko von Arbeitsunfällen sinkt somit enorm. Dazu kommt, dass sich die Arbeiten auf Gerüsten stark verringern.

---

36 vgl. *Drobek, J.*: Auswirkungen von Kranken- und Unfallzahlen, 2003, S.111ff.

4.1.2 Fachkräftemangel und Arbeitnehmerstruktur

Wie bereits in Kapitel 2.1 Beschrieben besteht heute eine besondere Herausforderung der Bauindustrie darin, gut qualifizierte Arbeitskräfte zu finden. Häufig müssen Arbeiter deshalb noch geschult werden, was zusätzliche Kosten und Verzögerungen verursacht.

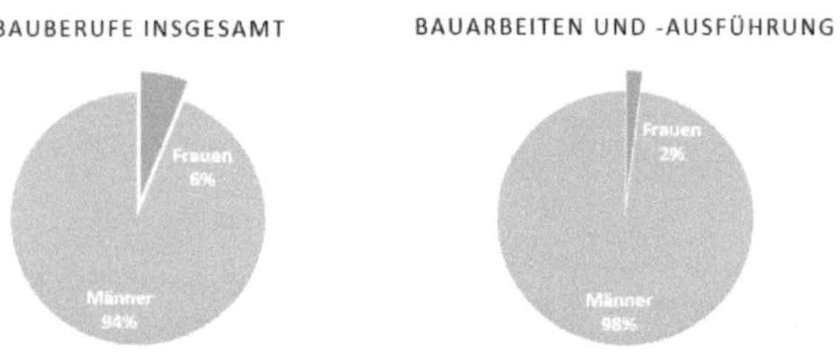

Abb. 12: Erwerbsanteil nach Geschlecht
Quelle: *Dummert, S.*: Arbeitsmarkt im Bausektor, 2015, S.6

Das Bauhauptgewerbe ist bislang stark durch männliche Arbeiter geprägt. Im Jahre 2013 waren nur ganze 2% Frauen im Tätigkeitsbereich „Bauarbeiten und -ausführung" vertreten. Dies ist insofern nicht verwunderlich, als dass es sich bei einem Großteil der Arbeit um schwere körperliche Arbeit handelt. Dieser körperlichen Belastung geben im Alter auch die männlichen Arbeiter nach. So liegt bei den gewerblichen Beschäftigten das Durchschnittsalter für den Renteneintritt aufgrund von teilweiser oder voller Erwerbsminderung bei nur 55,08 Jahren. Dieses junge Renteneintrittsalter sorgt wiederum für erhöhte Beitragszahlungen der Baubetriebe. Außerdem gehen dadurch viele Fachkräfte für die Unternehmen verloren.[37]

Durch die Nutzung eines 3D-Druckers auf der Baustelle können sich hingehend der Erwerbstätigenstruktur große Veränderungen ergeben. Durch den Bedarf an Arbeitern mit Computer- und Managementfähigkeiten haben auch Frauen wieder eine Chance in diesem Tätigkeitsfeld. Zudem kommt es durch

[37] vgl. *Dummert, S.*: Arbeitsmarkt im Bausektor, 2015, S.6; *SOKA-BAU*: Geschäftsbericht SOKA-BAU, 2018, S.38

die Bedienung des Druckers nicht zu körperlichen Schäden, wodurch das Renteneintrittsalter über Dauer wieder ansteigen würde.[38]

Zusammenfassend ergeben sich sehr viele Vorteile für die Baubetriebe und für die Gesundheit des einzelnen Arbeiters im Rohbau. Doch man sollte nicht außer Acht lassen welche Veränderungen dies für den Arbeitsmarkt bedeuten würde. Eine Großzahl an Stellen würde wegfallen und die Arbeitslosigkeit in der Baubranche ansteigen.

4.1.3 Menschliche Ausführungsfehler

Ausführungsfehler führen unweigerlich zu negativen Folgen für Qualität, Zeit und Kosten. Es gibt verschiedene Arten von menschlichen Ausführungsfehlern. Diese sind die (Teil-)Unterlassung von gewünschten Handlungen, das (teilweise) fehlerhafte Ausführen von gewünschten Handlungen und das Durchführen von nicht gewünschten Handlungen. Zurückzuführen sind diese Fehlerarten auf drei Grundlegende Ursachen:

- Das Nicht-Wissen, herbeigeführt durch den Mangel an Erfahrung, Ausbildung etc.
- Das Nicht-Können,
    - Physisch durch den Mangel an Kraft, Ausdauer, Geschicklichkeit etc.
    - Psychisch durch den Mangel an Aufnahmefähigkeit, Sorgfalt etc.
    - Sozial durch den Mangel an Führungsfähigkeit, Handlungsfähigkeit etc.
- Das Nicht-Wollen, herbeigeführt durch den Mangel an Eigeninitiative, Arbeitsinteresse etc.[39]

Da es auf der Baustelle bisher keine automatisierten Prozesse gibt und die gesamte Ausführung durch den Menschen geschieht, ist die Fehlerquote im Bauwesen dementsprechend hoch. Durchschnittlich beträgt die Summe der

---

[38] vgl. *Fernandes, G.; Feitosa, L.*: Impact of Contour Crafting on Civil Engineering, 2015, S.631

[39] vgl. *Refflinghaus, R.; Kern, C.; Klute-Wenig, S.*: Qualitätsmanagement 4.0, 2016, S.121

Fehlerkosten 4 bis 12% der Investitionssumme.[40] Betrachtet man allein den Fehlerkostenanteil der Wände mit 29,20% für Außenwände und 14,57% für Innenwände, wird deutlich, dass dies ein geeigneter Bereich ist, um durch den Einsatz von automatisierten Prozessen die Fehlerquote zu senken.[41]

Ein 3D-Drucker setzt exakt das um, was geplant wurde. Er muss nicht ausgebildet werden, macht keine Fehler, wird nicht müde und könnte somit theoretisch rund um die Uhr arbeiten. Kommt es zu irgendwelchen ungewollten Vorkommnissen wie einer Verschlechterung der Materialqualität, schlägt diese Alarm. Zudem könnten direkt Löcher in der Wand gelassen werden, wo später Kabel und Leitungen im TGA-Bereich hindurchgeführt werden müssen, was wiederum auch in diesem Bereich zu einer Erleichterung und einer Senkung der Fehlerquote führen würde. Voraussetzung für das Gelingen ist selbstverständlich immer eine qualitativ hochwertige Planung.[42]

4.2 Qualität

4.2.1 Material

Die Anforderungen an 3D-druckbaren Mörtel sind äußerst anspruchsvoll. Er muss eine gute Pumpbarkeit, gute Extruierbarkeit, hohe Formbarkeit und schnelle Erstarrung vorweisen können. Zudem erfordert der Druckprozess einen kontinuierlichen hohen Grad an Kontrolle des Materials während des Druckens. Die Verwendung von traditionellem Beton ist allein deshalb ausgeschlossen, weil für den Betondruck keine tragende Schalung verwendet wird. Deshalb werden lediglich Hochleistungsbaumaterialien verwendet. Die frischen Eigenschaften des Materials, die Druckrichtung und die Druckzeit haben eine signifikante Auswirkung auf die Gesamtbelastbarkeit der gedruckten Objekte. Der geschichtete Beton kann schwache Verbindungen erzeugen und die Tragfähigkeit unter Druck-, Zug- und Biegewirkung verringern, die eine Spannungsübertragung über oder entlang dieser

40 vgl. *Kochendörfer, B.; Liebchen, J.; Viering, M. G.*: Bauprojektmanagement, 2010, S.170

41 vgl. *DEKRA*: Baumängel an Wohngebäuden, 2008, S.26

42 vgl. *Fernandes, G.; Feitosa, L.*: Impact of Contour Crafting on Civil Engineering, 2015, S.631

Verbindungen erfordert. Im Folgenden sollen die mechanischen Eigenschaften möglicher Druckbetongemische untersucht werden.[43]

Vor der Betrachtung der Eigenschaften des druckbaren Betongemisches muss erwähnt werden, dass die Druckzeit und die Qualität signifikante Faktoren sind, die die Ergebnisse beeinflussen. Der Beton ist während des Extrusionsprozesses in seinem plastischen Zustand, da er so am einfachsten zu bearbeiten ist. Jedoch hydriert der Beton kontinuierlich, was dazu führt, dass er mit der Zeit immer schwieriger zu extrudieren wird. Darüber hinaus können sich die Aushärteeigenschaften von Beton erheblich verändern, wenn er nach seinem plastischen Zustand gestört wird. Dadurch könnten in den oberen Schichten Betonschichten und Grenzflächen minderer Qualität entstehen als die viel früher gedruckten unteren Schichten, sofern es sich um ein größeres Objekt handelt.[44]

Die meisten Arbeiten am Betondruck werden bisher von kommerziellen Organisationen und nicht von Forschungsinstituten durchgeführt, weshalb es nur wenige Forschungsberichte zum 3D-Betondruck gibt. Deshalb werden für die Bewertung von druckfähigen Betongemischen die Testergebnisse des *Singapore Centre for 3D Printing* sowie der *Technischen Universität Dresden* herangezogen. In der nachfolgenden Tabelle 1 sind die Ausgangsmaterialien der jeweils verwendeten Betongemische aufgeführt und nach ihren Eigenschaften bewertet.

---

[43] vgl. *Näther, M., et al.*: 3D-Druck Machbarkeitsuntersuchungen, 2017, S.19; *Paul, S. C., et al.*: Fresh and hardened properties, 2018, S.311

[44] vgl. *Paul, S. C., et al.*: Fresh and hardened properties, 2018, S.314

Zement	Schnellbindend	Kompatibilität	Grünstandfestigkeit	Festigkeit	Verfügbarkeit
Zusatzstoffe	Verarbeitbarkeit	Pumpbarkeit	Frühe Festigkeit (12 h)	Festigkeit	Verfügbarkeit
Ohne					
Flugasche	+	+/-	/	/	/
Microsillika	+	+	/	++	+
Schlacke	+	/	/	+	/
Zusatzmittel					
Fließmittel PCE	++	++	- -	+	+
Beschleuniger	- -	- -	++	-	+
Bewehrung					
Polymerfasern	-	-	++	+	+
Glasfasern					

Tab. 1: Einfluss der Materialien auf verschiedene Aspekte der Betontechnologie
Quelle: In Anlehnung an *Näther, M., et al.*: 3D-Druck Machbarkeitsuntersuchungen, 2017, S.48
Legende: '+' = positiv, '++' = sehr positiv, '-' = negativ, '--' = sehr negativ, '/' = neutral

Beide Institutionen haben nach der Durchführung mehrerer Experimente an verschiedenen Mischzusammensetzungen optimale Mischung(en) ausgewählt. Das *Singapore Centre for 3D Printing* hat sich dabei für zwei auf Zement und eine auf Schlacke basierende Mischungen entschieden (nachfolgend SC3D Mix 1-3). Die *TU Dresden* hat sich gegen den Einsatz von Schlacke entschieden und ebenfalls eine Mischung auf Zementbasis gewählt (nachfolgend TUD Mix 1).

Die *TU Dresden* verwendet Flugasche und Microsillika als Zusatzmittel. Das *Singapore Centre for 3D Printing* hat ebenfalls allen drei Gemischen Flugasche hinzugegeben. Als Zusatzstoff im Beton kann Flugasche die Kornverteilung von Gesteinskörnung verbessern und im Zusammenhang mit der überwiegend kugeligen Kornform die Verarbeitbarkeit von Beton verbessern.

Der Einsatz eines Fließmittels war für beide Institutionen unumgänglich. Von der *TU Dresden* wurde Polycarboxyllaether verwendet. Zur schnelleren Erstarrung des Betons wird ebenfalls ein Beschleuniger hinzugefügt. Damit dieser nicht für Blockaden im Pumpkreislauf sorgt, wird er erst im Druckkopf hinzugegeben. Das *Singapore Centre for 3D Printing* verwendete Silikastaub bzw. Silikondampf, Bentonit und Actigel als Fließmittel und fügte noch Natriumlignosulfonat als Weichmacher hinzu, um die Plastizität des Betons zu verbessern.

Auf einen Bewehrungsstoff verzichtete die *TU Dresden* vorerst gänzlich, während das *Singapore Centre for 3D Printing* Glasfasern für ein Gemisch verwendete, um die Biegeeigenschaften zu verbessern.

	Materialzusammensetzung (kg/m³)			
	SC3D Mix 1	**SC3D Mix 2**	**SC3D Mix 3**	**TUD Mix 1**
Zement	0	290	289	430
Sand	1168	1211	1209	1240
Wasser	47	285	284	180
Zusatzstoffe	Schlacke: 39 Flugasche: 645	Flugasche: 278	Flugasche: 277	Flugasche: 170 Microsillika: 180
Zusatzmittel	Silikondampf: 78 Actigel: 8 Bentonit: 8 K2Si03: 250 KOH: 23	Silikastaub: 145 Natriumlignosulfonat: 7	Silikastaub: 145 Natriumlignosulfonat: 9	Fließmittel: 10
Bewehrung	0	0	Glasfaser: 13,5 (Dichte: 2,7, Zugfestigkeit: 1,5 N / m2, Elastizitätsmodul: 74 GN / m2, Bruchdehnung: 2%)	0

Tab. 2: Materialzusammensetzung Druckbeton

Quelle: *Nerella, V.N., et al.*: Printability of fresh concrete, 2016, S.81; *Paul, S. C., et al.*: Fresh and hardened properties, 2018, S.314

Einer der Nachteile gedruckter Strukturen sind ihre gemischten isotropen und anisotropen Eigenschaften in unterschiedlichen Richtungen, anders als bei gegossenen Proben, die in allen Richtungen isotrope Eigenschaften aufweisen. Auch die Druckqualität, wie Fließverhalten von Materialien, Druckgeschwindigkeit, Druckzeitabstand zwischen den nachfolgenden Schichten usw., haben einen signifikanten Einfluss auf das endgültige Druckobjekte.[45]

Die folgenden Abbildungen zeigen die Arten der Belastung in verschiedenen Richtungen des gedruckten Objekts. Die Druckfestigkeit in vertikaler Richtung steht im Zusammenhang mit der Bindungsstärke zwischen den aufeinanderfolgenden Schichten. Die Haftfestigkeit steht im Zusammenhang mit vielen Parametern wie Materialviskosität, Druckzeitabstand zwischen den Schichten, Kontaktfläche zwischen den aufeinanderfolgenden Schichten (rechteckige Düse ergibt mehr Kontaktfläche als kreisförmige Düse), usw.[46]

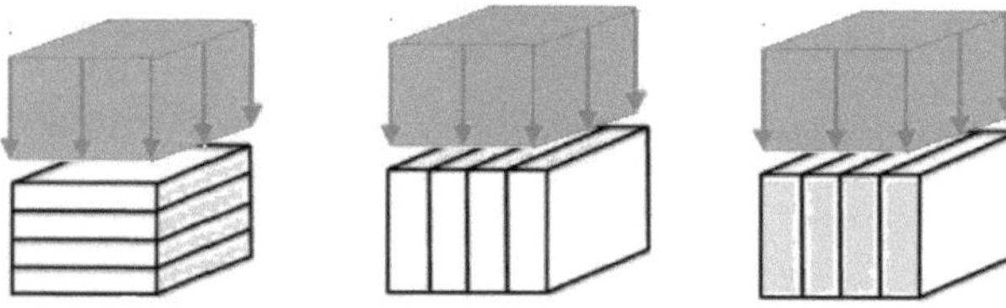

Abb. 13: Druckfestigkeitsprüfung vertikal (V), horizontal (H1) und horizontal (H2)
Quelle: In Anlehnung an *Paul, S. C., et al.*: Fresh and hardened properties, 2018, S.313

Das *Singapore Centre for 3D Printing* hat Druckprüfverfahren in alle drei dargestellten Richtungen (Druck V, Druck H1, Druck H2) nach 7, 14 und 28 Tagen durchgeführt. Die *TU Dresden* hat sich auf Druckprüfverfahren in vertikaler (Druck V) und in horizontaler Richtung (Druck H2) ohne das Prüfen der zweiten horizontalen Richtung beschränkt. Die Prüfungen wurden nach 3, 21 und 28 Tagen durchgeführt. Für die Erstellung eines Vergleichswertes wurde die jeweilige Betonsorte ebenfalls vergossen und geprüft (Norm). In den nachfolgenden Diagrammen sind die Ergebnisse der Druckprüfverfahren aufgeführt.

---

[45] vgl. *Paul, S. C., et al.*: Fresh and hardened properties, 2018, S.313f.

[46] vgl. *Paul, S. C., et al.*: Fresh and hardened properties, 2018, S.313f.

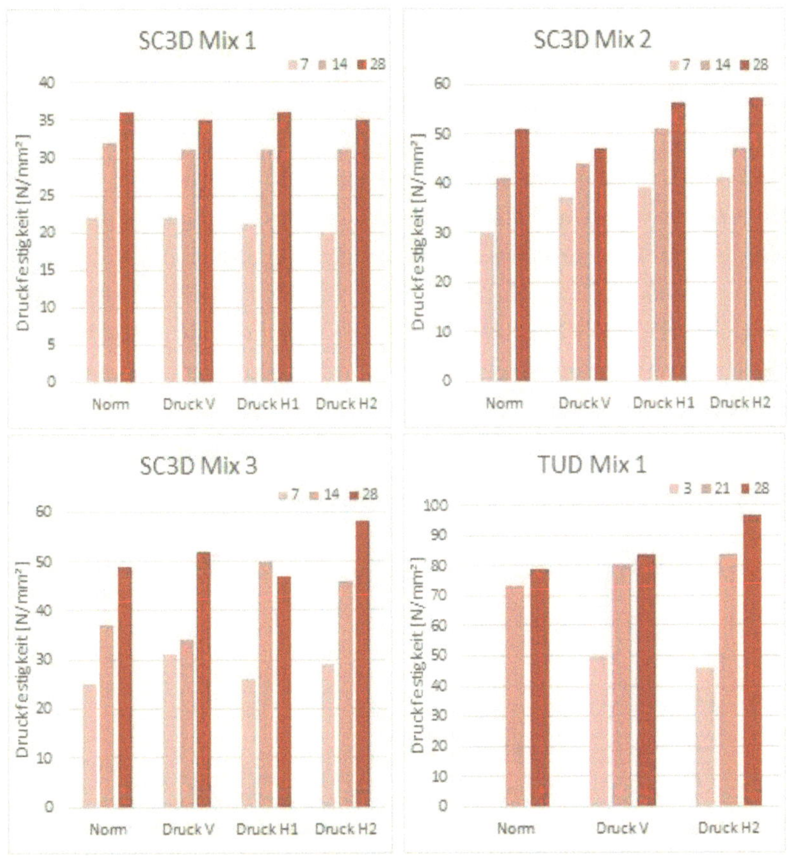

Abb. 14: Ergebnisse Druckfestigkeitsprüfung
Quelle: *Näther, M., et al.*: 3D-Druck Machbarkeitsuntersuchungen, 2017, S.56; *Paul, S. C., et al.*: Fresh and hardened properties, 2018, S.318

Die Ergebnisse, die in den unterschiedlichen Druckrichtungen erzielt wurden, zeigen, dass die Richtung, in die der Beton gedruckt wird, die Druckfestigkeit stark beeinflusst.

Ebenfalls muss beachtet werden, dass auch die Schichtdicke einen signifikanten Einfluss auf die Ergebnisse hat. Die SC3D Gemische wurden mit einer quaderförmigen Drüse mit den Maßen 10 mm x 20 mm gedruckt, während das TUD Gemisch mit einer 15 mm x 38 mm Drüse gedruckt wurde. Die

Schichtdicke könnte somit unter anderem eine Erklärung für die prozentual besseren Ergebnisse der Tests Aufschluss geben.[47]

Sehr auffällig ist, dass in beiden Studien die gedruckten Proben in vielen Fällen eine höhere Druckfestigkeit als die gegossenen Proben aufweisen. Der SC3D Mix 1 weist die gleichen Werte wie die Normprobe auf. Der SC3D Mix 2 hat eine leicht geschwächte Druckfestigkeit in vertikaler Richtung, dafür aber eine bis zu 12% erhöhte in horizontaler Richtung. Bei dem SC3D Mix 3 kommt es ebenfalls zu einer Erhöhung von bis zu 18% in horizontaler Richtung. Am bemerkenswertesten sind die Ergebnisse des TUD Mix 1. Hier liegt eine Druckfestigkeitssteigerung von 6% in vertikaler und von 23% in horizontaler Richtung vor.

Das *Singapore Centre for 3D Printing* sowie die *TU Dresden* haben Biegezugfestigkeitsprüfungen in horizontaler (H1) und vertikaler (V1) Richtung wie in der folgenden Darstellung dargestellt durchgeführt. Die Ergebnisse sind den nachfolgenden Diagrammen zu entnehmen.

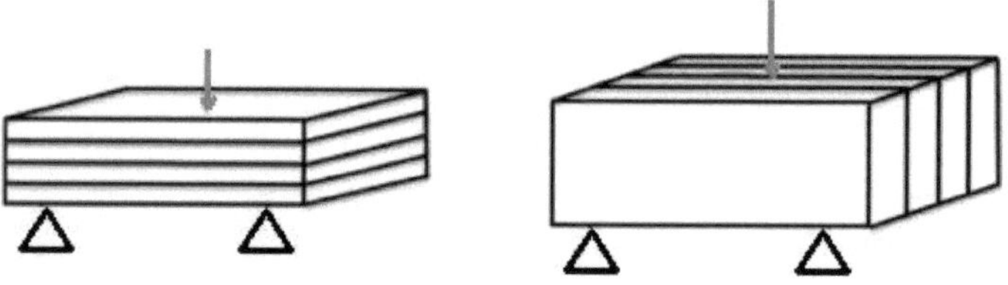

Abb. 15: Biegezugfestigkeitsprüfung vertikal (V) und horizontal (H1)
Quelle: In Anlehnung an *Paul, S. C., et al.*: Fresh and hardened properties, 2018, S.313

[47] vgl. *Paul, S. C., et al.*: Fresh and hardened properties, 2018, S.314

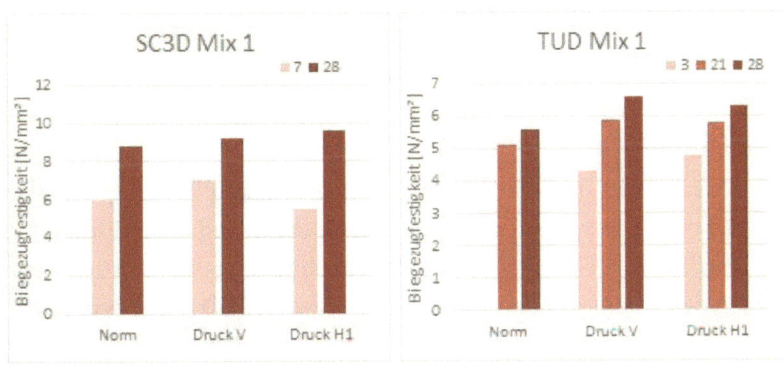

Abb. 16: Ergebnis Biegefestigkeitsprüfung
Quelle: *Näther, M., et al.*: 3D-Druck Machbarkeitsuntersuchungen, 2017, S.56; *Paul, S. C., et al.*: Fresh and hardened properties, 2018, S.318

Ähnlich wie bei der Druckfestigkeitsprüfung werden auch hier bei den gedruckten Proben bessere Ergebnisse als bei den gegossenen erzielt. So ergibt sich bei dem SC3D Mix 1 eine gesteigerte Biegefestigkeit von bis zu 9% in horizontaler Richtung und beim TUD Mix 1 eine gesteigerte Biegefestigkeit von bis zu 18% in vertikaler Richtung.

Der Grund für gesteigerte Druck- und Biegefestigkeit könnte die Hochdruckverdichtung im Innern des Extruderförderers sein. Um diese Annahme zu bestätigen und den Einfluss unterschiedlicher Materialbestandteile zu untersuchen sind weitere Experimente nötig. Dennoch kann man von einem durchaus positiven Gesamtergebnis reden, denn alle druckbaren Betongemische erreichen schon nach kurzer Zeit die geforderte Normdruckfestigkeit von 25 MPa nach 28 Tagen (für Mehrfamilienhäuser).[48]

4.2.2 Bewehrung

Da die gedruckten Wände von *Apis Cor* lediglich aus einer Schale und einer wellenförmigen Verbindung bestehen, benötigen sie zusätzliche Verstärkungen, um die gewünschte Zugfestigkeit zu erreichen. Dafür werden Bewehrungsstäbe horizontal in Abständen von 60 cm in die Wand eingelegt. Zusätzlich werden in den Gebäudeecken Säulen ausgebildet, die mit einer

[48] vgl. *Näther, M., et al.*: 3D-Druck Machbarkeitsuntersuchungen, 2017, S.55

vertikalen Bewehrung versehen werden. Dazu kommt, dass für die Stürze stark bewehrte Fertigteile eingebaut werden müssen (siehe Kapitel 4.4.2). Genaue Hinweise zu der Berechnung von Nachweisen wurden jedoch nicht veröffentlicht.

Der Einsatz von Bewehrung für die Zugfestigkeit gestaltet sich bei *CONPrint3D* eher schwierig, da hier innerhalb der Wand keine Freiräume gelassen werden, in die ohne Weiteres Bewehrung eingelegt werden könnte. Die sehr geringe Zugfestigkeit unbewehrten Betons kann zu Rissen führen, die häufig durch die volle Wanddicke gehen. Die Stücke sind dann nicht mehr durch Bewehrung verbunden, sie bleiben nur durch andere angrenzende Bauteile in ihrer Position. Durchgehende Längsrisse bilden Gelenke. Die Übertragung von Normalkräften in diesen Gelenken kann dabei eventuell zu Abplatzungen führen. Für den Bau von Ein- und Mehrfamilienhäusern könnte der Zugfestigkeitsnachweis unproblematisch sein, da Mauerwerkswände ähnlich wie Beton ebenfalls nur geringe Zugkräfte aufnehmen können. Darüber hinaus wäre die Druckmethode im derzeitigen Zustand jedoch nicht anwendbar. Zugfestigkeitsprüfungen sind deshalb in einem Folgeforschungsprojekt durch die *TU Dresden* geplant.[49]

4.2.3 Wärmedurchgang

Die wärmespezifischen Eigenschaften des klassischen Betons sind verglichen mit dem heuten Mauerwerk eher als schlecht zu bewerten. Aus dem Grund wurde von *CONPrint3D* bereits ein weiteres Forschungsprojekt namens „CONPrint3D-Ultralight – Herstellung monolithischer, tragender Wandkonstruktionen mit sehr hoher Wärmedämmung durch schalungsfreie Formung von Schaumbeton" gestartet, bei dem der 3D-Druck mit einem neu entwickelten Schaumbeton getestet werden soll. Dieser soll einen geringeren Wärmedurchgang aufweisen und gleichzeitig seine tragenden Eigenschaften beibehalten, sodass er den derzeitigen Mauerwerkstypen entspricht.[50]

---

[49] vgl. *DAUB*: Empfehlungen unbewehrter Beton, 2007, S.20f.; *Fraunhofer IRB-Verlag*: Bauforschungsprojekte, 2017

[50] vgl. *Fraunhofer IRB-Verlag*: Bauforschungsprojekte, 2017

Apis Cor schäumt seinen Druckbeton derzeit nicht auf und erreicht für Außenwände mit einer eingespritzten Dämmung von 10 cm einen U-Wert von 0,2959 W/(m²·K). Damit erfüllt der Außenwandaufbau die Vorgaben der EnEV 2016 von 0,21 W/(m²·K) bei weitem nicht und ist somit nicht zulässig. Dies ist ein entscheidendes Kriterium, grade weil mit dem 3D-Gebäudedruck ein nachhaltigerer Hausbau ermöglicht werden soll. Dafür ist die Wärmedämmung des Gebäudes essenziell.[51]

4.3 Bauablauf und Bauzeit

4.3.1 Planung

Der typische Workflow für den 3D-Druck ist in Abbildung 17 dargestellt. Zuerst wird ein Modell in einer 3D-Modellierungsanwendung vorbereitet. Anschließend wird es in einem gemeinsamen 3D-Datenaustauschformat in eine Datei exportiert. Für die 3D-Druckindustrie ist das populärste Format die STL-Stereolithographie. Als nächstes werden für die meisten 3D-Drucktechnologien die gespeicherten Daten verarbeitet, um das Modell in Scheiben zu zerlegen. Dies führt zu einem Satz von 2D-Konturlinien, die zu einem G-Code weiterverarbeitet werden, um Steuerbefehle zum Positionieren von Druckkopf oder Laserstrahlen zu erzeugen.[52]

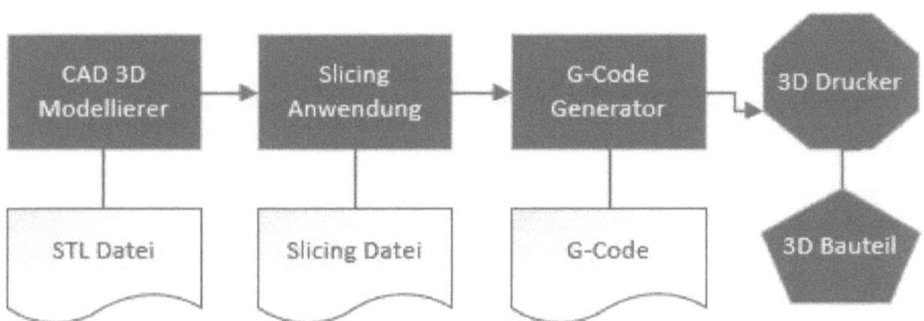

Abb. 17: Workflow 3D Druckprozess
Quelle: In Anlehnung an *Hager, I.; Golonka, A.; Putanowicz, R.*: Future of Sustainable Construction, 2016, S.296; *Sakin, M.; Kiroglu, Y. C.*: Sustainable Houses of the Future, 2017, S.706

51 vgl. *apis cor*: apis cor Technology Description, 2017, S.21

52 vgl. *Hager, I.; Golonka, A.; Putanowicz, R.*: Future of Sustainable Construction, 2016, S.296

Das STL-Dateiformat ist zum Standard-Datenübertragungsformat der RP-Industrie geworden und kann in die meisten CAD-Software exportiert werden. Dieses Format nähert die Oberflächen eines Volumenmodells an eine Vielzahl an Dreiecken an. Je komplexer die Oberfläche ist, desto mehr Dreiecke entstehen. Da der 3D-Drucker aber nicht unendlich präzise drucken kann, ist es wichtig ein ausgewogenes Verhältnis zwischen dem Modell und der gewünschten Oberfläche des Bauwerkes zu finden.[53]

Bei der Vorbereitung des 3D Modells ist es wichtig darauf zu achten, dass es physikalisch realisierbar sein muss. Gerade bei komplexeren Bauteilen muss berücksichtigt werden, dass der Beton nicht sofort nach dem Druck seine volle Stabilität aufweisen kann. So kann es dazu kommen, dass das Gewicht oberer Schichten die unteren beschädigen können.[54]

In dem Slicing-Schritt wird das geometrische Modell mit parallelen Ebenen geschnitten, um die Kontur jeder Materialschicht zu erhalten. Dieser Schritt kann mit einer konstanten Schichtdicke (gleichmäßiges Schneiden) oder mit variabler Schichtdicke (adaptives Schneiden) durchgeführt werden. Das adaptive Slicing bietet eine bessere Oberflächenqualität bei detaillierten Merkmalen des gedruckten Modells und wäre damit denkbar für architektonisch komplexe Bauteile in Verbindung mit CP. Für den hier betrachteten Druck des Rohbaus genügt jedoch der Druck einer konstanten Schichtdicke.[55]

[53] vgl. *Hager, I.; Golonka, A.; Putanowicz, R.*: Future of Sustainable Construction, 2016, S.296; *Sakin, M.; Kiroglu, Y. C.*: Sustainable Houses of the Future, 2017, S.707

[54] vgl. *Hager, I.; Golonka, A.; Putanowicz, R.*: Future of Sustainable Construction, 2016, S.297

[55] vgl. *Sakin, M.; Kiroglu, Y. C.*: Sustainable Houses of the Future, 2017, S.707

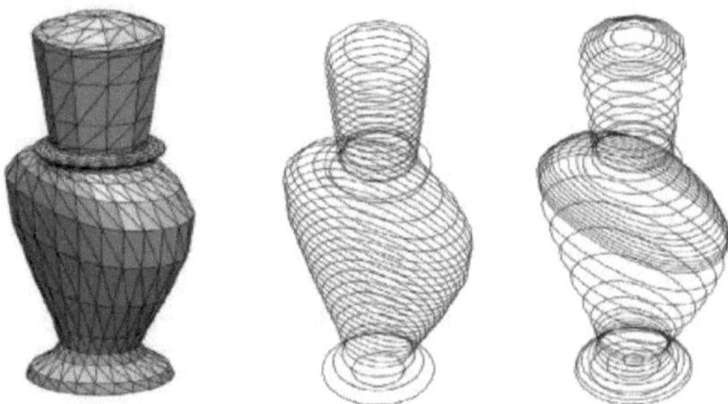

Abb. 18: STL Format, konstante Schichtdicke und adaptive Schichtdicke eines 3D Modells
Quelle: *Sakin, M.; Kiroglu, Y. C.*: Sustainable Houses of the Future, 2017, S.708

Aus der fertigen Slicing Datei wird wiederum der Druckpfad für jede einzelne Schicht generiert und als G-Code ausgegeben. Der G-Code ist in der Maschinentechnik ein gängiges Format zur Übergabe von Daten an Maschinen. Mit diesem Code ist der 3D-Drucker fähig, das geforderte Bauteil zu drucken.[56]

Genau wie beim konventionellen Betonbau ist es sinnvoll das Bauwerk in Betonierabschnitte einzuteilen. Zudem muss eine zeitliche Reihenfolge festgelegt werden, welche Bauteile nacheinander oder gemeinsam erstellt werden können. Dadurch kann es erforderlich werden, Bauteile verbinden zu müssen. Dazu kommt, dass trotz des dauerhaft möglichen Einsatzes der Druckmaschine beispielsweise Nachtruhen und Sonn- und Feiertage eingehalten werden müssen. Deshalb muss darauf geachtet werden, dass Vorgänge bis dahin abgeschlossen sind. Letztendlich sind auch die Druckgeschwindigkeit und die Positionierung des Druckers von großer Bedeutung.[57]

Dazu kommt, dass es verschiedene Arten gibt, wie eine Betonwand gedruckt werden kann. Wie bereits erläutert können die Wände Wabenförmig wie bei *Apis Cor* gedruckt werden, oder aber ausgefüllt, wie bei *CONPrint3D*. Diese können dann wiederrum spiralförmig, längs, oder quer gedruckt werden. Oder aber man druckt nur eine Schalung und füllt die Wände mit Beton auf. Auch ob Bewährung zum Einsatz kommt ist entscheidend für den Ablauf. Aus

56 vgl. *Näther, M., et al.*: 3D-Druck Machbarkeitsuntersuchungen, 2017, S.65

57 vgl. *Näther, M., et al.*: 3D-Druck Machbarkeitsuntersuchungen, 2017, S.64

all diesen Vorgaben müssen die erforderlichen Steuerungsdaten für die Maschinentechnik generiert und an die Maschine überführt werden.[58]

4.3.2 Ausführung

Im Folgenden werden die Positionen der Ausführung näher betrachtet, die sich signifikant durch den Einsatz von 3D-Druckern auf der Baustelle verändern. Genauer betrachtet wird hier zum einen die Vorgehensweise von *Apis Cor* als Beispiel für den wabenförmigen Wandaufbau und zum anderen die von *CONPrint3D* als Beispiel für den verfüllten Wandaufbau. Sie arbeiten zwar mit der gleichen Technologie, unterscheiden sich in ihrem Produkt jedoch stark. Dies zeigt, dass die Anwendungsmöglichkeiten vielfältig sind und es (noch) nicht die eine optimale Anwendungslösung gibt.

4.3.2.1 Baustelleneinrichtung

Die Baustelleneinrichtung nimmt beim konventionellen Bau häufig viel Platz in Anspruch und kann sich relativ aufwendig gestalten. So müssen unter anderem Baustraßen für die häufig hin- und herfahrenden Maschinen und LKWs errichtet werden. Wird der 3D-Druck angewandt, so reduziert sich die Straßendichte. Die Arbeiten erfolgen lediglich in dem ausgewiesenen Bereich, in dem die Maschine arbeitet. Andere Straßen werden lediglich für den Transport von Rohstoffen verwendet.[59]

Ebenso entfällt der Platzbedarf an großen Deponien vor Ort. Die Druckmaschine verbraucht eine gewisse Menge an Material und überwacht ständig den Materialverbrauch. Die genaue Lieferung des Materials ist damit planbar. Ebenso sind für den 3D-gefertigten Rohbau keine Bauschutt- und Müllcontainer notwendig, da nahezu kein Müll von Materialien vor Ort anfällt.[60]

Durch die geringe Personalvorhaltung während des Drucks verringert sich ggf. auch die Anzahl der Baucontainer, die für die Arbeiter vorgehalten werden müssen.[61]

---

58 vgl. *Näther, M., et al.*: 3D-Druck Machbarkeitsuntersuchungen, 2017, S.64

59 vgl. *Sobotka, A.; Pacewicz, K.*: Building Site Organization with 3DP, 2016, S.412

60 vgl. *Sobotka, A.; Pacewicz, K.*: Building Site Organization with 3DP, 2016, S.412

61 vgl. *apis cor*: apis cor Technology Description, 2017, S.5

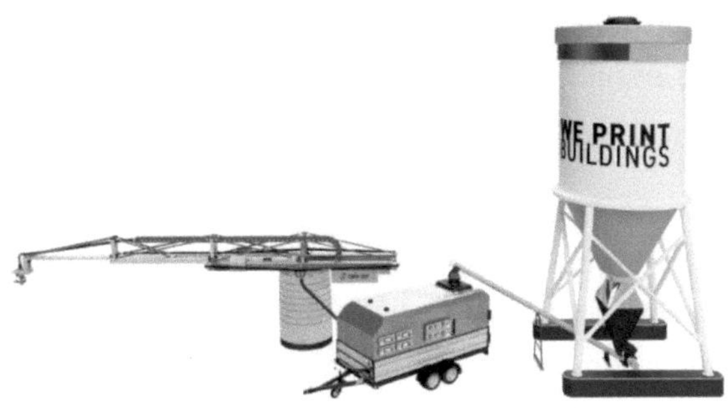

Abb. 19: Baustelleneinrichtung 3D-Drucker
Quelle: *apis cor*: apis cor Technology Description, 2017, S.6f.

Folgende Baustelleneinrichtung wird für den 3D-Druck bei *Apis Cor* benötigt: 3D-Drucker, automatische Mörtelaufbereitung und -zuführung und mobile Silos, Zubehör (Krawatten, Einsätze, Beschläge und anderes Zubehör), elektrischer Anschluss oder autonomer Stromerzeuger, Wasserversorgung, LKW Kranarm mit einer Kapazität von bis zu 3 Tonnen. Während der Drucker von *CONPrint3D* ein Autobetonpumpe ist und selbstständig zum Einsatzort fahren und sich positionieren kann, muss der Drucker von *Apis Cor* zusätzlich zum Equipment vor Ort durch einen LKW Kranarm bewegt werden.[62]

Dank Stabilisierungssystemen in Form von zwei Gegengewichten ist es möglich den Drucker von *Apis Cor* ohne eine Vorbereitung vor Ort zu installieren. Die Ausrüstung stabilisiert sich mithilfe eines Präzisionsneigungsmesser von selbst. Dadurch veranschlagen die gesamte Installation und Einrichtung lediglich 30 min. Eine Säuberung ist nach der Nutzung nicht notwendig, da das System sich nach dem Druckvorgang selbstständig durchspült.[63]

Bevor der 3D-Drucker starten kann, muss der G-Code auf das Betriebssystem des Druckers hochgeladen werden. Dann muss das Gebäude entsprechend der voreingestellten Eckmarken räumlich ausgerichtet werden. Da der Drucker von *Apis Cor* auch das Fundament druckt, wird durch einen

---

62 vgl. *apis cor*: apis cor Technology Description, 2017, 5, 11; *Näther, M., et al.*: 3D-Druck Machbarkeitsuntersuchungen, 2017, S.23ff.

63 vgl. *apis cor*: apis cor Technology Description, 2017, 5, 20

Ultraschallsensor am Extruder eine Analyse der Oberfläche durchgeführt, eine topografische Karte erstellt und somit alle Unebenheiten auf dem Druckpfad berücksichtigt.[64]

4.3.2.2 Fundament

Für die Erstellung der Streifenfundamente eines Gebäudes ist keine konventionelle Schalung in Form von Schalungsbrettern o.ä. notwendig. Bei der Drucktechnik von *Apis Cor* wird die Schalung einfach gedruckt und bleibt somit nach den Fundamentarbeiten bestehen. Während des Druckvorgangs werden, je nach Projekt, in zwei Ebenen Bewehrungsstäbe im Abstand von jeweils einem Meter eingesetzt. Das Einlegen geschieht von Hand und kann parallel zum Druck ausgeführt werden. Die oberste Schicht ist beim Einlegen noch relativ weich, was das leichte Eindrücken der Stäbe in den Beton ermöglicht. Das automatisierte System informiert den Bediener über die Notwendigkeit der Installation der Einlage und druckt nicht weiter, solange diese nicht installiert ist.[65]

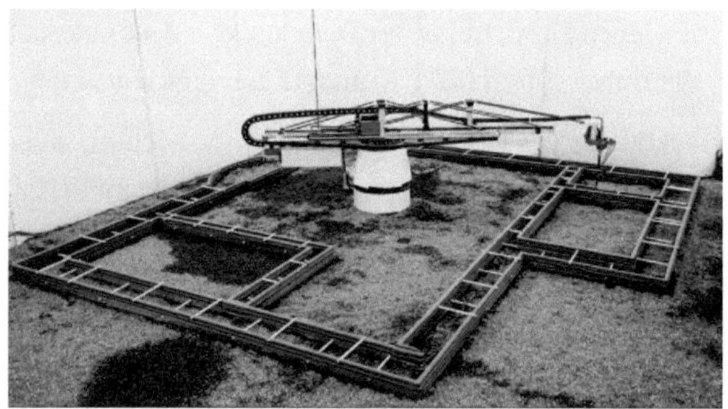

Abb. 20: Schalungsdruck für Fundamente
Quelle: *apis cor*: Retained foundation framework, 06.04.2016

[64] vgl. *apis cor*: apis cor Technology Description, 2017, S.13f.
[65] vgl. *apis cor*: apis cor Technology Description, 2017, S.15

Ist die gewünschte Fundamenthöhe erreicht, stoppt der Drucker. Folgend werden die gebogenen Bewehrungsmatten mithilfe der im vorigen Schritt eingelegten Stäbe an die richtige Position gesetzt. In den Gebäudeecken wird zusätzlich weitere vertikale Bewehrung verlegt, die später durch die gesamte Wand hochgezogen werden.

Abb. 21: Bewehrungseinlage in Fundamentschalung
Quelle: *apis cor*: Retained foundation framework, 06.04.2016

Die gedruckte Schalung ist direkt nach dem Druck fest genug für die Verfüllung. Mithilfe einer Betonpumpe kann nun das Fundament gegossen werden. Wie gewohnt wird der vergossene Beton mit einem Innenrüttler bearbeitet, um Luftblase zu vermeiden.

Abb. 22: Verfüllung der Streifenfundamente
Quelle: *apis cor*: Retained foundation framework, 06.04.2016

Nach 12 Stunden ist das Fundament ausreichend erhärtet, um die Ausführung fortzusetzen. Das Fundament wird mit einer Abdichtung versehen, bevor mit dem Druck der Wände begonnen wird.[66]

Abb. 23: Schutzversiegelung
Quelle: *apis cor*: Retained foundation framework, 06.04.2016

4.3.2.3 Wände

Der Betondruck kann die Erstellung von Wänden durch Mauerwerk, sowie Beton substituieren. Bei der konventionellen Errichtung einer (Stahl-)Betonwand ist die Konstruktion einer Schalung vonnöten. Hier werden Komponenten wie Ummantelungen, Bänder, Maschenstäbchen, Stollen und Streben manuell von Arbeitern entsprechend dem Entwurf zusammengebaut. Die Schalung muss so entworfen und errichtet werden, dass sie das Gewicht des Frischbeton tragen kann. Außerdem muss sie allen vertikalen und seitlichen Belastungen standhalten, einschließlich Lasten von Geräten, Arbeitern, verschiedenen Stößen und starkem Wind.[67]

Beim 3D-Druck der Wände kommen keine aufwendigen Schalungen zum Einsatz. Das gedruckte Betongemisch hat eine andere Konsistenz als jene die gegossen werden. So verläuft der Beton nach dem Verlassen der Drüse nicht mehr und erhärtet schnell genug um die nächsten Schichten tragen zu können ohne an Form zu verlieren.

[66] vgl. *apis cor*: apis cor Technology Description, 2017, S.16

[67] vgl. *Hwang, D.; Khoshnevis, B.*: Construction Process CC, 2005, S.2

4.3.2.4 Variante 1: *Apis Cor*

Abb. 24: Wanddruck Apis Cor
Quelle: *apis cor*: Retained foundation framework, 06.04.2016

Der Druckprozess von Gebäudewänden ist ähnlich zu dem des Schalungsdrucks. Der Unterschied besteht darin, dass die Wände eine innere Verbindung aufweisen. Auch hier ist eine Einlage von Bewehrungsstäben im Abstand von 60 cm je nach Projekt möglich. Der Druckvorgang darf nie länger als 30 Minuten unterbrochen werden, da sonst der Beton im System erhärtet und die Leitungen verstopft.[68]

Abb. 25: Bewehrungseinlage in Wand Apis Cor
Quelle: *apis cor*: Retained foundation framework, 06.04.2016

[68] vgl. *apis cor*: apis cor Technology Description, 2017, S.17

An Stellen mit Fenster- und Türöffnungen werden Einsätze eingestellt und zu gegebenen Zeitpunkt ein vorgefertigter bewehrter Sturz eingesetzt. Das Innenprofil ist wie bereits erwähnt schon so in der Planung entworfen worden, dass er Kanäle für das Verlegen von Leitungen, sowie aber auch Kammern für Wärme- und Schalldämmstoffe bietet, die nachfolgend verfüllt werden.[69]

Abb. 26: Einbau von Stürzen Apis Cor
Quelle: *apis cor*: Retained foundation framework, 06.04.2016

4.3.2.5 Variante 2: *CONPrint3D*

CONPrint3D befasst sich insbesondere mit dem Ersatz des Mauerwerkbaus durch den 3D-Druck. Wie bereits in Kapitel 4.2.2 erklärt werden die Wände nicht bewehrt, sondern vollständig ausgedruckt, ohne Hohlräume. Hier existiert dementsprechend kein vollständiger Wandaufbau inklusive Dämmung, wie es bei *Apis Cor* der Fall ist

Bevor die erste Mauerwerksschicht verlegt werden kann, müssen die Mauerwerkssteine oft noch vorbehandelt werden. So werden beispielsweise die Steinflächen gesäubert, damit eine gute Mörtelhaftung erreicht werden kann oder die Steine müssen benässt werden. Zudem kann es notwendig werden, eine Ausgleichsschicht aus Mörtel herzustellen, um Unebenheiten aus dem Fundament auszubessern. Erst wenn diese erhärtet ist, kann mit der ersten Schicht begonnen werden. Dabei müssen die Arbeiter ständig das Niveau des Mauerwerks überwachen, häufig in dem sie einen horizontalen Faden spannen. Erschwerend kommt hinzu, dass Fabrikblöcke oft nicht mit der gewünschten Geometrie übereinstimmen. Daher muss jeder Block betrachtet

[69] vgl. *apis cor*: apis cor Technology Description, 2017, S.18

und ggf. in der Größe angepasst werden. Da nie eine ganzzahlige Anzahl von Mauersteinen pro Gebäudeumfang möglich ist, müssen die Steine ohnehin durch Zuschneiden angepasst werden.[70]

Das Konzept der CONPrint3D Technologie sieht vor, dass der Beton als fertig gemischter Frischbeton am Druckkopf bereitgestellt wird. Das kann etwa über die Standard-Fördereinrichtung der Autobetonpumpe erfolgen. Der Frischbeton wird über die Autobetonpumpe in einen Vorratsbehälter gefördert, der sich nah am Druckkopf befindet. Die Abmessung der gedruckten Betonschicht und die Druckgeschwindigkeit bestimmen dabei die Austragmenge. Die Form des ausgedruckten Querschnittes wird durch die Austragdüse eingestellt. Genau wie in Variante 1 beschrieben können auch hier Öffnungen in den Wänden gelassen werden, um mithilfe von fertigen Stürzen Türen und Fenster, aber auch Durchgänge für Leitungen zu erzeugen. Nach der Wanderstellung folgt dann der restliche Wandaufbau wie üblich.[71]

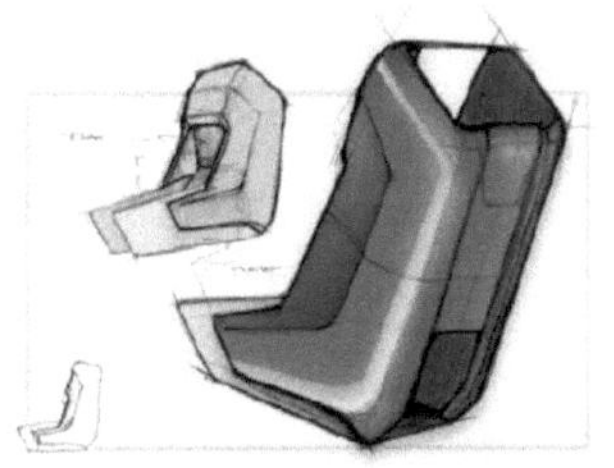

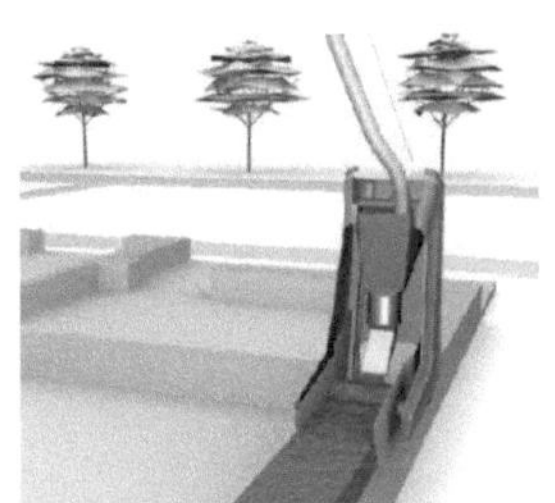

Abb. 27: Druckkopf und Prinzipdarstellung des Druckvorgangs
Quelle: *Näther, M., et al.*: 3D-Druck Machbarkeitsuntersuchungen, 2017, S.39

4.3.2.6 Weitere Geschosse

Zwischengeschosse werden mit Hohlkernbetonplatten ausgeführt, die direkt auf den bedruckten Wänden installiert werden. Dabei sollte beachtet werden, dass die Druckerbelastung von ungefähr 1,2 Tonnen pro m^2 berücksichtigt werden muss. Die Wände werden anschließend so ausgeführt wie im Erdgeschoss.[72]

---

70 vgl. *Oswald, R.; Schubert, P.*: Ausführung von Mauerwerk, 2013, S.12ff.

71 vgl. *Näther, M., et al.*: 3D-Druck Machbarkeitsuntersuchungen, 2017, S.39f.

72 vgl. *apis cor*: apis cor Technology Description, 2017, S.19f.

4.4 Baukosten und Bauzeit

Der konventionelle Bau weist aufgrund von großem Arbeitsaufwand, Abfall und Zeit sehr hohe Produktionskosten auf. Bei einer höheren Komplexität eines Projektes können diese dazu unverhältnismäßig ansteigen. Dem 3D-Druckverfahren wird jedoch nachgesagt, es könne zu einer hohen Kostenreduzierung beitragen. Es führt zu Materialersparnis durch präzise Kalkulation, kurzen Produktionszeiten und damit einhergehende Lohnkostenersparnissen. Die Komplexität des Bauwerks spielt dabei keine Rolle.[73]

Zur Überprüfung der Wirtschaftlichkeit der 3D-Druck Technologie werden die Bauzeiten und die Baukosten von *CONPrint3D* und *Apis Cor* untersucht. Als Referenz wurde eine bespielhafte Etage eines Einfamilienhauses modelliert (siehe Abb. 28) und als Mauerwerksbau in KS-Stein kalkuliert. Die Wandhöhe beträgt 3 m. Es wird mit einem AT von 8 Arbeitsstunden kalkuliert.

Die folgenden Bauzeit- und Baukostenvergleiche basieren zum Teil auf Hochrechnungen und Durchschnittswerten, die ggf. in der Realität abweichen können. Deshalb sind die Vergliche als Richtwerte und nicht als exakte Berechnungen anzusehen.

---

[73] vgl. *Fernandes, G.; Feitosa, L.*: Impact of Contour Crafting on Civil Engineering, 2015, S.631; *Schroeder, P.*: Haus 30% billiger, 12.10.2017

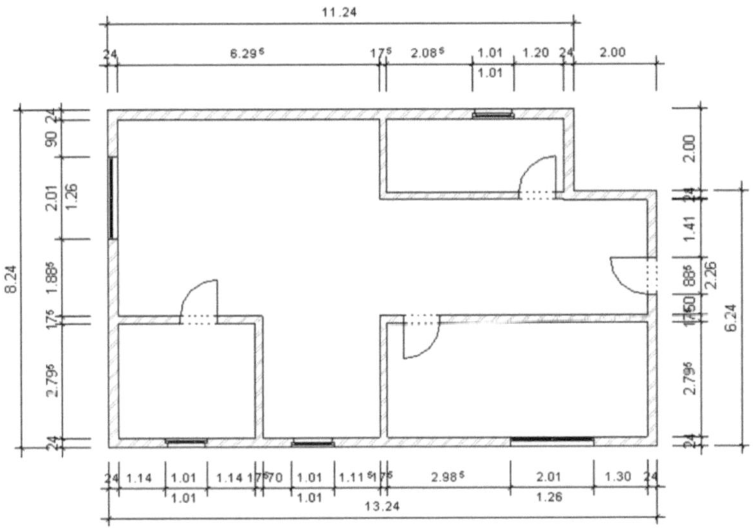

Abb. 28: Grundriss Beispiel
Quelle: Eigene Darstellung

4.4.1 Variante 1: Apis Cor

Die von *Apis Cor* angebotene Wand ersetzt nicht nur den Mauerwerksbau, sondern den gesamten Wandaufbau. Dennoch wird für den Kostenvergleich lediglich die reine gedruckte Wand ohne eingesprühte Dämmung etc. herangezogen und mit KS Wände ohne Wärmedämmung, Außenputz o.ä. herangezogen, um beide Methoden annähernd vergleichbar zu machen. Die gedruckte Innenwand besteht aus zwei graden Betonschichten verbunden durch eine wellenförmige Schicht und beträgt 150 mm. Die gedruckte Außenwand ist aufgebaut wie die Innenwand und verfügt über eine weitere grade Schicht, in die später der Dämmschaum gespritzt wird, sowie über eingelegte Bewehrungsstäbe. Ihre Dicke beträgt 400 mm. Informationen für die Betrachtung der Kosten aller einzelnen Positionen sind leider nicht gegeben. Deshalb werden die gedruckten Wände als Gesamtkomposition betrachtet.

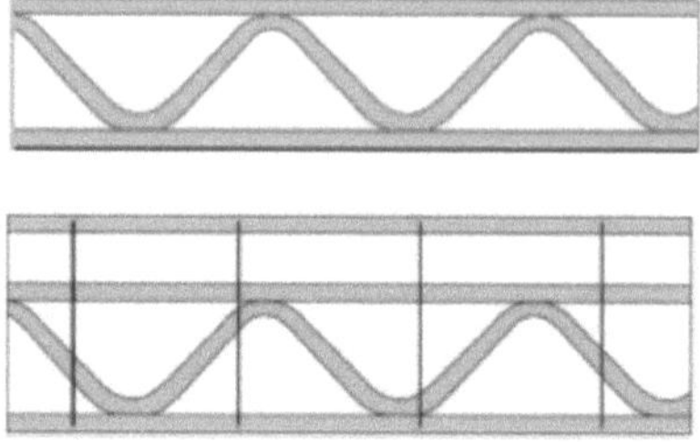

Abb. 29: Apis Cor Wandaufbau Innenwände (oben) und Außenwände (unten)
Quelle: *apis cor*: Technical specifications, 2018

Wände KS[74]				
Position	**Menge**	**ME**	**h / ME**	**Zeit [h]**
Außenwand, KS L-R 24cm	115,87	m²	0,60	69,52
Innenwand, KS L 17,5cm	58,74	m²	0,30	17,62
Öffnungen, Mauerwerk bis 17,5cm	3,00	st	0,27	0,81
Öffnungen, Mauerwerk bis 24cm	6,00	st	0,30	1,80
Sturz, Fertigteil	21,75	m	0,30	6,53
				96,28
Wände Apis Cor[75]				
Position	**Menge**	**ME**	**h / ME**	**Zeit [h]**
Außenwand, 40cm	115,87	m²	0,45	52,14
Innenwand, 15cm	58,74	m²	0,30	17,62
Sturz, Fertigteil	21,75	m	0,15	3,26
				73,02
Differenz				**23,26**

Tab. 3: Bauzeitenvergleich konventionellem KS Mauerwerk und Apis Cor Wanddruck

Die KS Wände werden von einer Kolonne bestehend aus drei Facharbeitern errichtet. Daraus ergibt sich eine gesamte Ausführungszeit von rund 32 Stunden, also 4 AT.

74 Berechnung der KS-Wand inkl. Dämmung und Putz auf Grundlage von netto Durchschnittswerten des *BKI* 2018

75 Berechnung der *Apis Cor* Wand auf Grundlage von *apis cor*: Technology perspective, 12.01.2017

Der Drucker von *Apis Cor* druckt mit einer Druckgeschwindigkeit von 3,45 m^2/h Innenwände und 2,2 m^2/h Außenwände. Die Schichthöhe beträgt dabei 2,5 cm. Daraus ergibt sich eine Ausführungszeit von 70 Stunden für die modellierte Etage. Für die Öffnungen in den Wänden wurde keine zusätzliche Zeit berücksichtigt, da sie keinen Unterschied in der Druckausführung herbeiführen. Der Stürze sind bei der Kalkulation von *CONPrint3D* nicht berücksichtigt worden, sollen hier der Vollständigkeit halber hinzugezogen werden. Der Richtwert aus dem *BKI* wurde hier auf 0,15 Stunden halbiert, da der Einbau der Stürze nicht so zeitintensiv ist, wie beim konventionellen Bau. Der Drucker lässt für die Sturzauflager Platz und der Sturz muss nur eingesetzt und anschließend überdruckt werden. Schlussendlich wird eine Gesamtausführungszeit von 9 AT benötigt.

Zwar kommt es beim 3D-Druck von *Apis Cor* zu gut 20 Stunden weniger Lohnstunden als beim konventionellen Bau, dennoch beträgt die Gesamtbauzeit 5 AT mehr. Das liegt daran, dass die Arbeitszeit der Maschine nicht durch das Heranziehen weiterer Arbeitskräfte gesenkt werden kann. Diese Rechnung beweist, dass der Werbeslogan „3D-Drucker baut Haus in 24 Stunden“ irreführend ist, da selbst bei einem so kleinem Einfamilienhaus schon 9 AT und damit sogar mehr Zeit als gewöhnlich für die Herstellung der Wände benötigt wird. Sicherlich sind zeitliche Einsparung im Bereich des Dämmungseinbaus denkenswert, da lediglich Dämmschaum in die Wand eingespritzt werden muss. Ein Vergleich hierhingehend kann jedoch aufgrund mangelnder Daten nicht durchgeführt werden. Außerdem könnte der 3D-Drucker zu jeder Zeit ununterbrochen drucken und damit die Ausführungszeit stark verringern. Da hierfür aber immer mindestens eine Aufsichtsperson benötigt wird, soll hier nicht von einer Abweichung der 8 Stundentage ausgegangen werden.

Wände KS[76]

Position	Menge	ME	Lohn[77]	Material	Gerät[78]	€ / ME	Gesamtkosten
Außenwand, KS L-R 24cm	115,87	m²	3.268 €	4.675 €	284 €	71 €	8.227 €
Innenwand, KS L 17,5cm	58,74	m²	828 €	2.552 €	144 €	60 €	3.524 €
Öffnungen, Mauerwerk bis 17,5cm	3,00	st	108 €	0 €	0 €	36 €	108 €
Öffnungen, Mauerwerk bis 24cm	6,00	st	186 €	0 €	0 €	31 €	186 €
Sturz, Fertigteil[79]	21,75	m	307 €	803 €	0 €	51 €	1.109 €
			4.696 €	**8.030 €**	**428 €**		**13.154 €**

Wände Apis Cor[80]

Position	Menge	ME	Lohn[81]	Material	Gerät[82]	€ / ME	Gesamtkosten
Außenwand, 40cm	115,87	m²	4.641 €	2.421 €	5.126 €	105 €	12.187 €
Innenwand, 15cm	58,74	m²	1.568 €	587 €	2.599 €	81 €	4.755 €

76 Berechnung der KS-Wand inkl. Dämmung und Putz auf Grundlage von netto Durchschnittswerten des *BKI* 2018

77 *BKI* 2018: Lohn für Facharbeiter Mauerarbeiten (47€/h); Lohn für Facharbeiter Putz- und Dämmarbeiten (46€/h)

78 *BGL* 2017: Kleinkran C.2.00.0007 anteilig auf Positionen umgelegt

79 7 tragende Stürze, Länge 2,25 m + 2 tragende Stürze, Länge 3m

80 Berechnung der *Apis Cor* Wand auf Grundlage von *apis cor*: Technology perspective, 12.01.2017

81 *BKI* 2018: Lohn für Facharbeiter Betonbau (47€/h) zuzüglich Helfer Betonbau (42€/h)

82 Annahme durch vergleichbare Drucker von Cazza: Anschaffungskosten 500.000€, R 2,1%, A+V 2,85%, Anfahrtspauschale 300€

Sturz, Fertigteil	21,75	m	307 €	803 €	0 €	51 €	1.109 €
			6.516 €	**3.811 €**	**7.725 €**		**18.051 €**
Differenz			**-1.820 €**	**4.219 €**	**-7.297 €**		**-4.897 €**

Tab. 4: Kostenvergleich konventionellem KS Mauerwerk und Apis Cor Wanddruck

Der Kostenvergleich bringt ein Ergebnis hervor, welches durch den Bauzeitenvergleich schon zu vermuten war. Obwohl der Betondruck von *Apis Cor* neben seiner Zeitersparnis auch für Kostenersparnis sorgen sollte, kostet die Methode in diesem Beispiel knapp 5.000€ mehr. Zurückzuführen ist dies zuallererst auf die hohen Vorhaltekosten des Druckers. Diese ist wiederum mit den Lohnkosten verbunden, da die Maschine nicht ohne Überwachung arbeiten darf. Bei den Materialkosten ist zwar eine hohe Einsparung von Kosten zu verzeichnen, zum Teil auch weil in der Masse weniger Material benötigt wird, aber diese Ersparnis kann diese Druckmethode dennoch nicht vorteilhafter machen. *Apis Cor* selbst wirbt mit einem Pries von umgerechnet 48 €/m^2. Grund für die starke Abweichung könnten unter anderem die höheren deutschen Lohnkosten sein. Dennoch ist es sehr fragwürdig, wie dieser geringe Preis erreicht werden kann, wenn ein sehr kostenintensives Gerät so lange auf der Baustelle vorgehalten wird.[83]

4.4.2 Variante 2: CONPrint3D

Der Wanddruck von CONPrint3D ersetzt lediglich das Mauerwerk. Dementsprechend wird die gedruckte Wand nur mit den KS Wänden verglichen. Die Wanddicke ist bei beiden Methoden identisch.

83 vgl. *apis cor*: Technology perspective, 12.01.2017

Wände KS[84]				
Position	**Menge**	**ME**	**h / ME**	**Zeit [h]**
Außenwand, KS L-R 24cm	115,87	m^2	0,60	69,52
Innenwand, KS L 17,5cm	58,74	m^2	0,30	17,62
Öffnungen, Mauerwerk bis 17,5cm	3,00	st	0,27	0,81
Öffnungen, Mauerwerk bis 24cm	6,00	st	0,30	1,80
Sturz, Fertigteil	21,75	m	0,30	6,53
				96,28
Wände CONPrint3D[85]				
Position	**Menge**	**ME**	**h / ME**	**Zeit [h]**
Betonwand	38,09	m^3	0,17	6,48
Sturz, Fertigteil	21,75	m	0,15	3,26
				9,74
Differenz				**86,54**

Tab. 5: Bauzeitenvergleich konventionellem KS Mauerwerk und CONPrint3D Wanddruck

Die KS Wände werden von einer Kolonne bestehend aus drei Facharbeitern errichtet. Daraus ergibt sich eine gesamte Ausführungszeit von rund 32 Stunden, also 4 AT.

Der Drucker von *CONPrint3D* druckt mit einer Druckgeschwindigkeit von 15 cm/s und mit einer Schichthöhe von 5 cm. Daraus ergibt sich eine Ausführungszeit von 6,5 Stunden für die modellierte Etage. Für die Öffnungen in den Wänden wurde keine zusätzliche Zeit berücksichtigt, da sie keinen Unterschied in der Druckausführung herbeiführen. Der Stürze sind bei der Kalkulation von *CONPrint3D* nicht berücksichtigt worden, sollen hier der Vollständigkeit halber hinzugezogen werden. Der Richtwert aus dem *BKI* wurde hier auf 0,15 Stunden halbiert, da der Einbau der Stürze nicht so zeitintensiv ist, wie beim konventionellen Bau. Der Drucker lässt für die Sturzauflager Platz

84 Berechnung der KS-Wand auf Grundlage von netto Durchschnittswerten des BKI 2018

85 Berechnungen der CONPrint3D Wand auf Grundlage von *Näther, M., et al.*: 3D-Druck Machbarkeitsuntersuchungen, 2017, 67,69

und der Sturz muss nur eingesetzt und anschließend überdruckt werden. Schlussendlich wird eine Gesamtausführungszeit von knapp 10 Stunden benötigt. In der Berechnung sind die Annahmen für Umsetzzeiten, Wartezeiten und Justierzeiten, sowie auch Reinigungszeiten integriert.[86]

Die konventionelle Ausführungszeit von 4 AT könnte somit signifikant auf etwas mehr als 1 AT gesenkt werden. Die Herstellzeit für ein Geschoss ist somit ca. 4-mal geringer. Dazu kommt, dass der Druckbeton so schnell erstarrt, dass nachfolgende Arbeiten wie der Bau von Geschossdecken ohne Verzögerungen ausführbar sind. CONPrint3D betont, dass zukünftig weitere Erhöhungen der Druckgeschwindigkeit und der Schichtdicke möglich sind, wodurch sich die Ausführungszeit weiter reduzieren würde.[87]

Wände KS[88]							
Position	**Menge**	**ME**	**Lohn[89]**	**Material**	**Gerät[90]**	**€ / ME**	**Gesamtkosten**
Außenwand, KS L-R 24cm	115,87	m²	3.268 €	4.675 €	284 €	71 €	8.227 €
Innenwand, KS L 17,5cm	58,74	m²	828 €	2.552 €	144 €	60 €	3.524 €
Öffnungen, Mauerwerk bis 17,5cm	3	St	108 €	0 €	0 €	36 €	108 €
Öffnungen, Mauerwerk bis 24cm	6	St	186 €	0 €	0 €	31 €	186 €
Sturz, Fertigteil	21,75	m	307 €	803 €	0 €	51 €	1.109 €
			4.696 €	**8.030 €**	**428 €**		**13.154 €**

86 vgl. *Näther, M., et al.*: 3D-Druck Machbarkeitsuntersuchungen, 2017, S.68

87 vgl. *Näther, M., et al.*: 3D-Druck Machbarkeitsuntersuchungen, 2017, S.68

88 Berechnung der KS-Wand auf Grundlage von netto Durchschnittswerten des *BKI* 2018

89 *BKI* 2018: Lohn für Facharbeiter Mauerarbeiten (47€/h)

90 *BGL* 2015: Kleinkran C.2.00.0007 (mittlerer Satz)

Wände CONPrint3D[91]							
Position	**Menge**	**ME**	**Lohn**[92]	**Material**	**Gerät**[93]	**€ / ME**	**Gesamtkosten**
Betonwand	38,09	m^3	576 €	4.951 €	1.700 €	190 €	7.227 €
Sturz, Fertigteil	21,75	m	307 €	803 €	0 €	51 €	1.109 €
			883 €	**5.754 €**	**1.700 €**		**8.337 €**
Differenz			**3.813 €**	**2.276 €**	**-1.272 €**		**4.817 €**

Tab. 6: Kostenvergleich konventionellem KS Mauerwerk und CONPrint3D Wanddruck

Die Reduzierung der Ausführungszeiten wirkt sich stark auf die Lohnkosten aus. Die Lohnkosten des 3D-Drucks sind 6-mal geringer, als die der KS Wand. Herbeigeführt wird dies zudem durch die Anwesenheit von lediglich einem Facharbeiter und einem Helfer im Gegensatz zu den drei Facharbeitern, die für den Mauerwerksbau benötigt werden. Die Materialkosten des Druckbetons liegen auch unter denen des Mauerwerkbaus, da sich dieser günstiger herstellen und transportieren lässt. Die Gerätekosten sind dafür beim 3D-Druck dreimal höher, da es sich um eine Autobetonpumpe mit komplexer Technologie und nicht um einen einfachen Versetzkran handelt. Die Anschaffungskosten dieser betragen ca. 150.000 € für Druckkopf und Steuerung und 392. 500 € für die Autobetonpumpe.[94]

4.4.3 Weitere Einflussgrößen

Im vorigen Kapitel wurden lediglich die Zeiten und Kosten betrachtet, die unmittelbar mit dem Wandbau zusammenhängen. Es gibt aber noch weitere Faktoren, welche diese beiden Parameter beeinflussen.

---

91 Berechnungen der CONPrint3D Wand auf Grundlage von *Näther, M., et al.*: 3D-Druck Machbarkeitsuntersuchungen, 2017, 67,69

92 *BKI* 2018: Lohn für Facharbeiter Betonbau (47€/h) zuzüglich Helfer Betonbau (42€/h)

93 Anfahrtspauschale von 300€; Vorhaltestunde Autobetonpumpe (*BGL* 2015: Autobetonpumpe B.7.61.0832) mit Druckkopf und Steuerung 140€/h (mittlerer Satz)

94 vgl. *Näther, M., et al.*: 3D-Druck Machbarkeitsuntersuchungen, 2017, S.69

Gewöhnlich beeinflusst der Objektgrundriss die Bauzeit, denn je komplexer und verschachtelter der Grundriss wird, desto komplizierter sind auch die Schalungsarbeiten. So ist ein turmartiger Rundbau aus massivem Stahlbeton aufwendiger und zeitintensiver als ein Gebäudequader mit vergleichbarem Volumen. Der 3D-Drucker hingegen arbeitet in nahezu gleicher Geschwindigkeit unabhängig vom Objektgrundriss.[95]

3D-Drucker arbeiten mit einer sehr hohen Genauigkeit. Wie bereits in Kapitel 4.1.2 beschrieben, ist der 3D-Drucker in der Lage sich selbst den Baugrund zu ebnen. Das führt dazu, dass weder Zeit noch Kosten für Korrekturen verwendet werden müssen und das Bauergebnis ein sehr hochwertiges ist, bei der alle Maße genauso ausgeführt wurden, wie vorher in CAD modelliert.

Ein sehr entscheidender Faktor in der Bauzeitbetrachtung ist die Witterung. *Apis Cor* wirbt damit, dass der Betondruck bei jeder Temperatur (abhängig von der Betonlösung) möglich ist und nicht bei spätestens -5°C gestoppt werden muss. Bei einer Temperatur von -35°C hat das Unternehmen erfolgreich ihr erstes Haus gedruckt. Auch sehr hohe Temperaturen erschweren die Rohbauherstellung nicht, da keine Arbeiter körperlich in der Sonne arbeiten müssen. Strömender Regen und Windstärken von über 15 m/s hingegen behindern den Betondruck, da so eine Unschärfe der neu gedruckten Schicht verursacht wird.[96]

Zusammenfassend kann man sagen, dass der 3D-Druck durch seine Präzision in der Lage ist, Ersparnisse in den Bereichen Materialkosten und nachträglicher Mängelbehebung zu generieren. Dennoch ist es wichtig die Methoden des 3D-Drucks zu unterscheiden, denn das entscheidende Kriterium für die Ersparnis von Lohn- und Gerätekosten ist die Betondruckgeschwindigkeit und die ist nicht bei jeder Methode und jedem Drucker gleich, sondern sogar sehr unterschiedlich.

---

95 vgl. *apis cor*: Technical specifications, 2018

96 vgl. *apis cor*: apis cor Technology Description, 2017; *apis cor*: Construction technology, 2017

4.5 Nachhaltigkeit

Die Lärmschwerhörigkeit ist die zweithäufigste Berufskrankheit in Deutschland. Deshalb gilt der Grenzwert von 85 dB(A) als zulässige Tagesbelastung. Auch Gehörschutze erzielen in der Praxis meist nur geringe Dämmwirkungen von 3 bis 9 dB. Ein Maurer hat laut DB BAU eine Belastung von 88 dB, während ein Einschaler sogar durch 92 dB belastet wird. Dies macht deutlich, dass in diesem Bereich Handlungsbedarf besteht.[97]

Beim Betondruck dagegen soll es nur zu sehr geringen Lärmpegeln kommen. Das entlastet nicht nur die Arbeitskräfte, sondern auch die umliegende Nachbarschaft und die Umwelt. Welche genauen Lärmbelastungen und Erschütterungen der 3D-Drucker verursacht ist jedoch bisher nicht öffentlich bekannt.[98]

In Tabelle 7 werden der Druckbeton dessen substituierende Materialien auf ihre Ökobilanz hin gegenübergestellt. Am bedeutendsten ist wohl der Wert der Grauen Energie. Sie beschreibt den gesamten Energieaufwand, der von der Herstellung bis zum Einsatz des Materials betrieben werden muss. Schnell ersichtlich ist, dass der Druckbeton durch seinen hohen Zementanteil mit hohen MJ/m^3-Werten heraussticht. Er ist sogar viermal so hoch wie der von Kalksandstein.

Kalksandstein wird aus in der Natur vorkommenden Rohstoffen gewonnen und ist gut recyclingfähig. Durchschnittliche Entfernungen vom KS-Werk zum Kunden betragen lediglich 35 km aufgrund der hohen Dichte des Produktionsnetzes in Deutschland. Die Verfügbarkeit des Rohstoffes wird außerdem als ausreichend bezeichnet.[99]

---

97 vgl. *Eckert, W.*: Lärm in der Bauwirtschaft, 2015, S.2ff.

98 vgl. *Fernandes, G.; Feitosa, L.*: Impact of Contour Crafting on Civil Engineering, 2015, S.632; *Ma, G.*: 3D printing technology of cementitious material, 2018, S.489

99 vgl. *Eyerer, P.; Reinhardt, H.-W.; Kreißig, J.*: Ökologische Bilanzierung von Baustoffen, 2000, S.74ff.

Die Produktionsstandorte für Porenbeton sind in Abhängigkeit von den natürlichen Sandvorkommen gewählt. Somit können nur bei einer regionalen Versorgung kurze Transportwege zur Baustelle gewährleistet werden. Auch seine Bilanz wird durch die Verwendung von Zement verschlechtert. Dafür bietet er gute Möglichkeiten ohne Zusatzmaßnahmen gut wärmedämmende Außenwände zu erstellen.[100]

Leichtziegel werden aus den natürlichen Rohstoffen Lehm und Ton gebrannt. Die Rohstoffe lassen sich i.d.R. schonend und oberflächennah abbauen. Die Abbauflächen liegen in der Nähe der Produktionsstätten und können nach Ablauf der Nutzung rekultiviert werden. Beim Ziegelbrand ist der Energieeinsatz im Vergleich zu anderen Wandbaustoffen wegen des notwendigen Hochtemperaturprozesses sehr hoch.[101]

Als Zuschlagstoffe für Beton werden hauptsächlich Sand und Kies eingesetzt. Die Rohstoffe sind als Gesamtvorkommen noch auf weite Sicht ausreichend vorhanden. Zement gehört zu den energieintensiven Baugrundstoffen und trägt mit seinen produktionsbedingten Emissionen zu signifikanten Umweltbelastungen bei. Rohstoffverbrauch sowie prozessbedingte Emissionen würden sich jedoch langfristig durch den Einsatz von Sekundärbrennstoffen und -rohstoffen deutlich reduzieren lassen. Die Betonzusatzstoffe tragen nicht zur Umweltbelastung ein. Man muss aber erwähnen, dass unter anderem die Flugasche zu begrenzt verfügbaren Rohstoff handelt. Schlussendlich lässt sich die Ökobilanzierung von Druckbeton noch stark verbessern, liegt aber im Vergleich zu den heute verwendbaren Baustoffen weit zurück.[102]

---

100 vgl. *Eyerer, P.; Reinhardt, H.-W.; Kreißig, J.*: Ökologische Bilanzierung von Baustoffen, 2000, S.62ff.

101 vgl. *Eyerer, P.; Reinhardt, H.-W.; Kreißig, J.*: Ökologische Bilanzierung von Baustoffen, 2000, S.78ff.

102 vgl. *Eyerer, P.; Reinhardt, H.-W.; Kreißig, J.*: Ökologische Bilanzierung von Baustoffen, 2000, S.50ff.

	Leicht-ziegel	**Kalksand-stein**	**Poren-beton**	**Leicht-beton**	**Druck-beton**[103]
Graue Energie [MJ/m^3]	1.555	Ca. 885	1.970	1.042	Ca. 2.546
Primärenergie nicht erneuerbar [MJ/m^3]	1.487	Ca. 676	1.543	805	Ca. 2.475
CO_2-Äquivalent [kg/m^3]	133	Ca. 88	187	109	Ca. 951

Tab. 7: Baustoffprofile Ökobilanz

Quelle: *Eyerer, P.; Reinhardt, H.-W.; Kreißig, J.*: Ökologische Bilanzierung von Baustoffen, 2000, S.57ff.; *Kolb, B.*: Nachhaltiges Bauen, 2004

Es muss hier jedoch beachtet werden, wie hoch die Mengenunterschiede beim Wandbau sind. Wird eine Wand beispielweise in Wabenform gedruckt und nicht vollflächig, so wird hier viel weniger Material als bei der Verwendung von vollflächigen KS-Steinen genutzt.

Wie bereits in Kapitel 4.3.2 angedeutet ist die Flächeninanspruchnahme durch die Baustelleneinrichtung bei der Verwendung von 3D-Drucktechnologien erheblich geringer. Das liegt hauptsächlich daran, dass keine großen Mengen an Material auf der Baustelle gelagert werden müssen. Zudem werden keine Müllcontainer gebraucht und die Anzahl bzw. die Größe der Container für Arbeitspersonal sinkt, da generell weniger Arbeitskräfte vor Ort sein müssen. Das hat zur Folge, dass weniger Pflanzen beschnitten oder ganz beseitigt werden müssen.[104]

Dadurch, dass die Bauzeit so stark vermindert wird, ergeben sich weitere positive Effekte als nur die Einsparung von Kosten, denn der Eingriff in die Natur wird auch verkürzt, sofern es sich nicht um einen innenstädtischen Bau handelt. Die für die Baustelleneinrichtung verwendete Fläche kann somit schneller wiederhergerichtet und im besten Fall begrünt werden. Zudem wird auch die Belastung des Tierreiches sowie auch der Nachbarschaft durch Baulärm verkürzt.

---

[103] Basierend auf TUD Mix 1, vgl. Anhang 1

[104] vgl. *Graubner, C.-A.; Hüske, K.*: Nachhaltigkeit im Bauwesen, 2003, S.34

Das Baugewerbe hat ein jährliches Abfallaufkommen von 221.096.000 t. Davon fallen 25-33% in der Rohbauphase an. Wie in Abbildung 30 zu sehen ist der Großteil auf den Bauschutt zurückzuführen. Bauschutt entsteht im konventionellen Bau durch Materialreste die durch Zuschnitt, Beschädigung o.ä. nicht mehr verwendbar sind. Große Container müssen Woche für Woche von der Baustelle entsorgt werden. Grund dafür ist, dass Bauteile oftmals nicht in der exakt richtigen Größe auf die Baustelle kommen und deshalb vor Ort bearbeitet werden müssen. Dazu gehören auch Öffnungen und Aussparungen, die nachträglich für die TGA hergestellt werden. Dazu kommt letztendlich auch Transportationsmaterial, wie Holzpaletten, Bänder und Folien für die Mauerwerkssteine.[105]

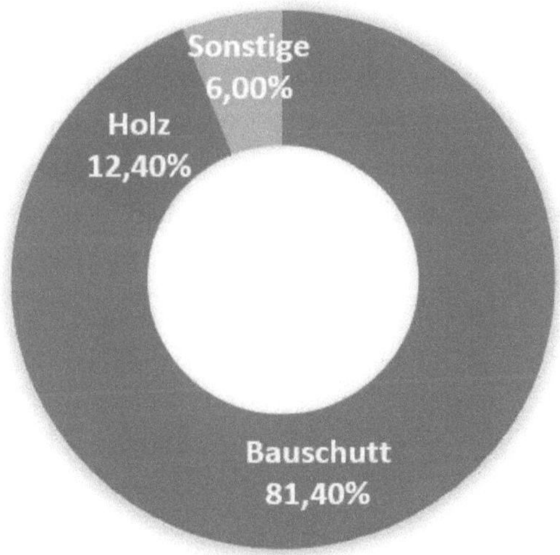

Abb. 30: Zusammensetzung Abfall Rohbau in M.-%
Quelle: Nach *Müller, A.*: Abfallmanagement auf Baustellen, 2013, S.12

Ein großer Vorteil des 3D-Drucks ist es, dass nach dem Druck nichts mehr zugeschnitten werden muss, sondern schon alles millimetergenau angefertigt ist. Das führt ebenfalls dazu, dass die benötigte Materialmenge unter günstigen Bedingungen exakt eingeplant werden kann. Da es sich bei dem

105 vgl. *Müller, A.*: Abfallmanagement auf Baustellen, 2013, S.11ff.

verwendeten Material lediglich um Ortbeton handelt, entsteht bei dem Transport des Materials zur Baustelle so gut wie kein Abfall für Schutz- und Befestigungsmaterial wie es bei Mauerwerk oder Fertigbauteilen der Fall ist.

Der Themenbereich Arbeitssicherheit ist ebenfalls für die Betrachtung der Nachhaltigkeit relevant. Da dieser aber in Kapitel 4.1.1 ausführlich betrachtet wurde, wird er hier nicht erneut thematisiert.

4.6 Einsatzbereiche

Es versteht sich an dieser Stelle von selbst, dass der 3D-Betondruck substituierend für den Mauerwerksbau eingesetzt werden kann. Die Tabelle 8 zeigt, dass der Mauerwerksbau bei Wohngebäuden gut 70% abdeckt. Damit ist das Potenzial der Technologie hier sehr hoch. In reduziertem Maße wird diese Wandbauweise auch bei Wohn- und Geschäftsgebäuden, sowie Hotel- und Bürogebäuden angewandt, die bis zu 5 Stockwerke hoch sind. Andere vertikale Bauelemente wie beispielsweise Zäune sind dementsprechend auch umsetzbar. In der Massiv- und Skelettbauweise erweist sich der Einsatz zum jetzigen Zeitpunkt noch als schwierig, da die Bewehrung von Bauteilen zum Teil noch nicht möglich ist.[106]

Genehmigungen Wohngebäude gesamt	**Überwiegend verwendete Baustoffe**						
	Ziegel	Kalksand stein	Porenbeton	Holz	Stahlbeton	Leicht beton	Sonstige
119.060	36.605	19.477	26.646	21.018	10.109	3.730	1.475
100%	30,74 %	16,36%	22,38 %	17,65 %	8,49%	3,13%	1,24 %

Tab. 8: Überwiegend verwendete Baustoffe in Wohngebäuden 2017
Quelle: *Destatis*: Baugenehmigungen 2017, 2018, S.9

[106] vgl. *Näther, M., et al.*: 3D-Druck Machbarkeitsuntersuchungen, 2017, S.63

Überall dort, wo es zu unbewehrten Fundamenten kommt, kann der 3D-Druck ebenfalls angewandt werden. Für bewehrte Fundamente kommt der Druck einer Randschalung in Frage, die anschließend bewehrt und mit fließfähigem Beton befüllt werden kann. Gleiches wäre auch bei bewehrten plattenförmigen Bauteilen wie Bodenplatten denkbar. Hochbewehrte Bauteile wie Unterzüge und Stützen sind vorerst nicht realisierbar. Es besteht in dieser Hinsicht Forschungsbedarf zur Integration von Bewehrungsstrukturen.

Eines der attraktivsten Merkmale des 3D-Drucks von Beton ist die Fähigkeit, viel komplexere Formen als beim Gießverfahren herzustellen. In der Architekturpraxis besteht eine erhebliche Lücke zwischen den Projekten, bei denen nach niedrigen Kosten gestrebt wird, was zu einfachen und geradlinigen Wänden führt, und den wenigen Projekten, die finanziell nicht so stark eingeschränkt sind und deshalb komplexer gestaltet werden können. Durch das Herstellen maßgeschneiderter Formen und Schalungen für den einmaligen Gebrauch, kommt es zu einer großen Abfallmengen und meist auch zu unvorhergesehenen Verzögerungen im Bauprozess. Der Druck von runden und geschwungenen Formen unterscheidet sich beim 3D-Druck nicht von denen, die gradlinig sind. Dies eröffnet Architekten neue Möglichkeiten in der Gestaltung bei gleichzeitig gleichbleibenden Kosten.[107]

[107] vgl. *Gosselin, C., et al.*: Large-scale 3D printing, 2016, S.105

5 Ergebnisanalyse

5.1 SWOT-Analyse

Durch den Vergleich zwischen der konventionellen Methode und dem 3D-Gebäudedruck haben sich die vielen Stärken und Schwächen beider Methoden herausgestellt. Um bewerten zu können, inwiefern diese neue Art der Gebäudeerstellung eine Zukunft in der Bauindustrie hat, müssen ebenfalls die Chancen und Risiken beleuchtet werden. Im Folgenden sollen die Ergebnisse des Vergleiches zusammengefasst und die Chancen und Risiken der Technologie in Form einer SWOT-Analyse betrachtet werden.

5.1.1 Stärken

Der Betondruck eröffnet neue Möglichkeiten für die Formgebung von Materialien. Bauteile verschiedenster Formen können auf diese Weise schalungsfrei realisiert werden. Dies ermöglicht große Freiheiten bei der architektonischen Gestaltung und bietet Flexibilität beim Bau verschiedener architektonischer Geometrien, die mit der derzeitigen manuellen Baupraxis nur schwer oder gar nicht umzusetzen sind.

Eine weitere Stärke ist, dass der automatische Druckprozess den Arbeitsaufwand erheblich reduziert. Viele Handwerker können so gegen wenige, welche lediglich den Drucker bedienen, ersetzt werden. Im gleichen Zug verringern sich dadurch die vielen Arbeitssicherheitsaspekte aus dem konventionellen Bau.

Hinzu kommt die Präzision, mit der der Drucker Wände und sonstige Bauteile erstellt. Das Gebäudemodell wird exakt in die Realität umgesetzt, ohne dass es zu (menschlichen) Ausführungsfehlern kommt. Ist die Planung präzise, so muss nachträglich an der Gebäudehülle nichts mehr korrigiert werden.

Die Druck- und Biegefestigkeitsprüfungen haben ergeben, dass Druckbeton durchaus sehr gute Festigkeiten aufweisen kann. In vielen Fällen übertraf dieser die Norm um ein weites, in horizontaler sowie auch vertikaler Richtung. In dieser Hinsicht kann der druckbare Baustoff problemlos mit dem herkömmlichen Beton mithalten.

Der 3D-Druck kann den Bauprozess zeitlich erheblich beschleunigen, das hat der Bauzeitenvergleich gezeigt. Beim Bau eines Einfamilienhauses nach dem Modell in Kapitel 4.4.2 benötigt der 3D-Drucker nur knapp ein Viertel der Zeit des konventionellen Baus. Die verkürzte Bauzeit führt dabei nicht nur zu geringeren Vorhaltekosten von Gerät und Personal, sondern verschmälert auch die Bauzeitenplanung.

In Bezug auf die Materialkosten kann die Menge an Rohmaterial, die zur Herstellung von Objekten erforderlich ist, vor Beginn des Druckvorgangs genau kalkuliert und zur richtigen Zeit zur Baustelle gebracht werden. Schalungen u.ä. Hilfsmittel sind nicht notwendig. Im Hinblick auf die Personalkosten kann der hochautomatisierte Prozess des 3D-Drucks den Arbeitsaufwand sowie auch die Fehlerquote in der Bauausführung erheblich reduzieren.

Zuletzt gibt es auch einige ökologischen Auswirkungen des 3D-Drucks, die bemerkenswert sind. Ein 3D-Drucker ist eine elektrisch betriebene Maschine ohne Emissionen. Aufgrund des genauen Konstruktionsprozesses entsteht durch den 3D-Betondruck nahezu kein Materialverlust und folglich kaum zu entsorgender Bauschutt. Darüber hinaus werden während des Bauprozesses erzeugte Geräusche, sowie der benötigte Platz für die Baustelleneinrichtung und die Lagerung der Materialien reduziert.

5.1.2 Schwächen

Bisherige veröffentlichte Materialprüfungen haben zwar gute Ergebnisse erzielt. Jedoch gibt es einige Materialeigenschaften, die unbedingt noch zu testen sind, wie unter anderem die Verbundfestigkeit und Dauerhaftigkeit. Der Kenntnisstand über druckbare Materialien ist noch relativ gering und die herkömmlichen Prüfverfahren nicht ohne weiteres anwendbar, da die Verwendung des Baustoffes in seinem schichtweisen Auftrag sich von konventionellen Baustoffverwendungen unterscheidet. Die verschiedenen technischen Lösungen für die Anwendung des Betondrucks, die zur Zeit untersucht werden, vervielfältigen des Weiterem die Anzahl der verschiedenen

Druckeigenschaften wie Druckgeschwindigkeit und Schichtdicke. Dies erschwert die Findung eines allgemein gültigen Prüfverfahrens zusätzlich.[108]

Außerdem hat der bisher verwendete Druckbeton im Vergleich zum Mauerwerk eine eher schlechte ökologische Bilanz. Es besteht zwar noch großes Verbesserungspotenzial, jedoch scheint es aus jetziger Sicht schwierig sich den ökologischen Eigenschaften von beispielsweise Kalksandstein anzunähern.

Der Einbau von Bewehrung ist eine weitere Herausforderung für den 3D-Druck, um traditionelle Konstruktionsmethoden in Bezug auf die Herstellung tragender Strukturen zu ersetzen. Eine herkömmliche Stahlbetonkonstruktion kann nicht durch extrudierte Zementpaste erstellt werden, denn ähnlich wie gegossener ist gedruckter Beton immer noch brüchig und schwach in der Spannung. Obwohl eine Faserverstärkung die Duktilität verbessern und die Sprödigkeit von Betonmaterialien verbessern kann, können das Zugverhalten und die Risskontrolle verstärkter Strukturen nicht durch faserverstärkte Verbundwerkstoffe erreicht werden. Zwar werden mittlerweile zusätzliche Roboterarme erprobt, um Stahlverstärkungen zur Verbesserung der Zugfestigkeit in den Konstruktionsprozess einzubetten. Dennoch ist diese Art der Bewehrung noch nicht ausreichend durchdacht und nicht anwendbar auf Bauwerke die über den einfachen Wohnungsbau hinaus gehen.[109]

Da es sich um eine neue Technologie handelt, werden anfangs sehr hohe Investitionskosten für den 3D-Drucker anfallen. Solche Investitionen sind grade für KMU nur schwer zu stemmen und mit einem hohen Risiko verbunden. Allein der 3D-Drucker selbst kostet mehrere Hunderttausend Euro abhängig von der jeweiligen Technologie. Dazu kommt teilweise zusätzliches Equipment wie ein Silo für das Druckmaterial. Die Kombination einer Autobetonpumpe mit Druckkopf und Steuerung wie bei *CONPrint3D* ist eine gute Möglichkeit ein bereits gängiges Gerät so umzurüsten, dass man es für den 3D-Druck nutzen kann. Dennoch liegt die Höhe der Investition von

[108] vgl. *Ma, G.*: 3D printing technology of cementitious material, 2018, S.491f.; *Näther, M., et al.*: 3D-Druck Machbarkeitsuntersuchungen, 2017, S.56

[109] vgl. *Ma, G.*: 3D printing technology of cementitious material, 2018, S.492

Druckkopf und Steuerung noch bei ca. 150.000 €. Sollte es zu einem Defekt kommen, ist mit einer verhältnismäßig teuren Reparatur zu rechnen. Damit die Bauausführung weiter fortgesetzt werden kann, wäre es ebenfalls sinnvoll im Besitz mindestens einer weiteren Maschine zu sein.

5.1.3 Chancen

Durch den Einsatz einer völlig neuartigen Bautechnik und neuen Materialien ergeben sich auch neue Chancen für einen umweltfreundlicheren Bau. Viele Jahrzehnte lang wurde der Bauprozess immer nur punktuell verbessert, wohingegen sich nun die Möglichkeit bietet den Umweltschutz ganz neu anzugehen. *WinSun* wirbt damit, dass das Unternehmen für den Druck nicht nur hochwertigen Zement, sondern auch Bau- und Industriemüll nutz. Das ist nur eines der Beispiele, das zeigt, dass es beim 3D-Druck nicht nur um Kosten- und Zeiteinsparungen geht, sondern auch um umweltbewussteres Bauen.[110]

In der Planung sind Werkzeuge wie CAD und FEM Systeme längst vorhanden und auch BIM kommt immer häufiger zum Einsatz. In der Produktion fehlt die Digitalisierung fast vollständig. Der 3D-Druck könnte dies ändern und die Industrie 4.0 in der Bauindustrie weiter komplettieren und noch effizienter gestalten (siehe. Abb. 31).[111]

---

[110] vgl. *Liang, F.; Liang, Y.*: Status Quo of 3D Printed Buildings in China, 2014, S.7

[111] vgl. *Mechtcherine, V.; Nerella, V. N.*: 3D-Druck mit Beton, 2018, S.275f.

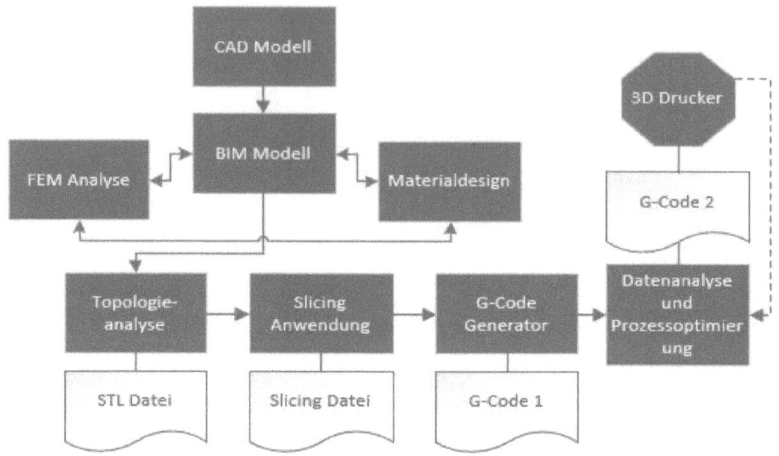

Abb. 31: Übergang von digitaler Planung zu digitaler Fertigung
Quelle: In Anlehnung an *Mechtcherine, V.; Nerella, V. N.*: 3D-Druck mit Beton, 2018, S.276

Der 3D-Gebäudedruck hat zudem das Potenzial, den Kapazitätsengpässen im Wohnungsbau entgegenzuwirken. Zum einen durch die verkürzte Bauzeit, aber zum anderen auch durch den Ersatz von Mauerwerksarbeitern, die vom Fachkräftemangel betroffen sind. Dadurch könnte die Nachfrage im Wohnungsbau zukünftig besser bedient werden.

Durch die geringeren Baukosten wird es für viel mehr Menschen möglich werden sich ein Eigenheim zu leisten. Das könnte wiederrum zu Skaleneffekten führen, welche die Kosten der Bauunternehmen weiter senken. Zudem ist grade auch in Slums und Katastrophengebieten die Nachfragen nach günstigen und schnell zu errichtenden Häusern enorm groß. Der 3D-Druck könnte die Hilfe in den genannten Krisengebieten revolutionieren und vielen Millionen Menschen helfen.

Ein wesentlicher Vorteil der Verwendung von 3-D-Drucken ist die Möglichkeit der Individualisierung der Masse. Die Bauindustrie wird als eine Industrie mit einem niedrigen Anpassungsgrad, aber einem hohen Anpassungsbedarf betrachtet. Eine große Nachfrage nach kundenspezifischen Anpassungen würde die Nachfrage nach 3D-Druckerzeugnissen erhöhen, die Druckkosten senken und dazu beitragen, dass diese Technologie in der Bauindustrie bestehen bleibt. In der Bauindustrie gibt es zum einen Routinearbeiten, wie das Herstellen von Fundamenten, die unweigerlich durchgeführt werden müssen. Das Nachfrageverhalten für diese Art von Bauarbeiten ist eher funktional. Zum anderen gibt es Baubereiche, wie etwa die Form der Gebäudehülle, die eine höhere Innovationsnachfrage haben. Durch diese kann das maximale Potenzial der Drucktechnologie erreicht werden. Zurzeit sind die Anpassungsoptionen eines Gebäudes durch den Lieferanten sehr begrenzt, um Skaleneffekte im Konstruktionsprozess zu erzielen. Zukünftig gilt es, die Lücke zwischen den verfügbaren und den gewünschten Produkten auf dem Markt weiter zu analysieren und diese schließlich durch den 3D-Druck zu schließen.[112]

5.1.4 Risiken

Die Druckbetone, die für den 3D-Druck verwendet werden, unterscheiden sich nicht nur durch ihre Zusammensetzung, sondern auch durch ihr Gieß- bzw. Druckverfahren voneinander. Bewertungsstandards und Testverfahren für herkömmliche Betonmaterialien und -strukturen sind für Druckmaterialien und gedruckte Strukturen zum Teil nicht geeignet. Somit kann zum jetzigen Zeitpunkt noch nicht gesagt werden, ob eine durch 3D-Druck erstellte Wand den europäischen Normen entsprechen kann. Sollte dies der Fall sein, würde der Betondruck enorm ausgebremst werden und es wären folglich noch sehr viele weitere Jahre Forschung notwendig, um aus dem 3D-Druck eine normkonforme Herstellungsmethode zu machen.[113]

Die Größe des 3D-Druckers beeinflusst die Größe des zu druckenden Gebäudes und Projekts erheblich. Die derzeitige Anwendung von 3D-Drucktechnologien im Bereich des Hochbaus beschränkt sich auf den Bau von Bauteilen und niedrigen Gebäuden. Es ist möglicherweise nicht gut geeignet, um Hochhäuser oder andere Arten von Großbauprojekten zu bauen. Die Konstruktion von Mehrschicht- und Hochhäusern hängt von der Lösung einer Reihe von

---

[112] vgl. *Wu, P.; Wang, J.; Wang, X.*: Critical review of 3D printing in construction, 2016, S.19f.

[113] vgl. *Ma, G.*: 3D printing technology of cementitious material, 2018, S.492; *Paul, S. C., et al.*: Fresh and hardened properties, 2018, S.319

Problemen ab, wie der Optimierung des Materiallagers und des stabilen Besteigens der Gebäude von 3D-Druckern.[114]

5.2 Notwendige Faktoren für die Implementierung der 3D-Druck Methode

Aus der vorausgehenden SWOT-Analyse ergeben sich drei Hauptfaktoren, welche die Umsetzung der 3D-Gebäudedruckmethode in der Bauindustrie bedingen. Diese sollen nachfolgend dargestellt werden.

5.2.1 Anreizsysteme für Investition

Damit Bauausführende Unternehmen in eine neue Technologie investieren, müssen Anreize geschaffen werden. Die Betrachtung der Stärken der Drucktechnologie haben gezeigt, dass diese definitiv vorhanden sind. Sie müssen aber auch richtig kommuniziert werden. Alle beteiligten Akteure müssen Vorteile in der neuen Technologie sehen, damit sie auch wirklich Fuß fassen kann. Mit eingeschlossen sind auch die Kunden, die 3D-gedruckte Häuser nachfragen sollen. Erst wenn potentielle Kunden sowie auch ausführende Bauunternehmen von den Vorteilen der Technologie überzeugt sind und sie als ebenbürtige Methode zur Erstellung von Gebäuden anerkennen, kann sich die Betondrucktechnologie am Markt durchsetzen. Dafür ist es besonders wichtig, dass die ökologischen Eigenschaften in Bezug auf Material, Wärmedämmung, Langlebigkeit u.a. weiter verbessert werden. Nur so kann der 3D-Druck als eine zeitgemäße nachhaltige Bauweise etabliert werden.[115]

5.2.2 Schaffung von Standards

Damit es dazu kommt, müssen aber auch standarisierte Verwendungsmöglichkeiten festgelegt werden. Unternehmen, die heute interessiert daran sind, die 3D-Drucktechnologie einzuführen, sind gezwungen eigene Methoden für die Verwendung zu entwickeln, welches zu hohen Erschwernissen führt. Damit sich der 3D-Gebäudedruck in der Bauindustrie etablieren kann, muss die

---

[114] vgl. *Ma, G.*: 3D printing technology of cementitious material, 2018, S.491; *Wu, P.; Wang, J.; Wang, X.*: Critical review of 3D printing in construction, 2016, S.14

[115] vgl. *Blayse, A. M.; Manley, K.*: Influences on construction innovation, 2004, S.146f.

Technologie weiterentwickelt und ein internationaler Standard für den Arbeitsprozess festgelegt werden, der die verschiedenen Druckmethoden miteinander verbindet. Zudem muss Software für die Nutzung der 3D-Drucker (weiter-)entwickelt und benutzerfreundlich gestaltet werden, sodass zukünftig den Akteuren, die keine Erfahrung auf diesem Gebiet haben, der Einstieg erleichtert wird.[116]

Dies erfordert außerdem die Überarbeitung von Kriterien und neue Vorschriften zur Messung und Bewertung der Leistung und des langfristigen Gebrauchsverhaltens von Druckmaterialien. Vor der Übernahme des 3D-Drucks als neue Bautechnik durch die Baubehörden werden demensprechend Standards für Material, Fertigung und Konstruktion erforderlich. Diese Normen und ihre angemessene Anwendung in Entwurf und Konstruktion müssen sicherstellen, dass ein angemessenes Maß an Zuverlässigkeit erreicht wird. Dies könnte erreicht werden, indem beispielsweise analog zur Fertigteilkonstruktion ein separates Kapitel dem gedruckte Betongebäude im Eurocode 2 gewidmet wird.[117]

5.2.3 Entwicklung durch Kooperation

Damit der 3D-Gebäudedruck massenmarktfähig wird, ist noch viel Entwicklungsarbeit notwendig. Es gibt Beispiele für erfolgreiche Initiativen auf der ganzen Welt, die meisten davon befinden sich jedoch noch in einer konzeptionellen Phase. Der Reifegrad ist ein klarer Faktor, der die erfolgreiche Implementierung in der Bauindustrie beeinflusst. Es ist jedoch zu wenig Wissen und Kompetenz zum 3D-Druck im Allgemeinen in der ausführenden Bauindustrie vorhanden, als dass diese die Entwicklung weiter vorantreiben könnten. Es gibt jedoch Akteure, wie die Anbieter von Maschinenausrüstungen, Materiallieferanten u.a., bei denen ein großer Teil des notwendigen Fachwissens vorhanden ist, um eine Entwicklung weiter voranzutreiben. Diese Tatsache unterstreicht die Bedeutung eines kooperativen Ansatzes zwischen

---

116 vgl. *D'Aveni, R.*: 3D Printing Revolution, 2015, S.44ff.

117 vgl. *Ma, G.*: 3D printing technology of cementitious material, 2018, S.492; *Paul, S. C., et al.*: Fresh and hardened properties, 2018, S.319

Zulieferern, ausführenden Unternehmen und forschenden Institutionen. Gemeinsames Lernen und Entwickeln wird voraussichtlich eine der Schlüsselfaktoren für eine erfolgreiche Nutzung des Gebäudedrucks sein, denn nur durch die Zusammenarbeit aller kann eine praktikable Lösung für die Umsetzung der 3D-Betondruckmethode entwickelt werden.[118]

[118] vgl. *Blayse, A. M.; Manley, K.*: Influences on construction innovation, 2004, S.147f.

6 Schlussfolgerung

Die Arbeit gibt, trotz der teilweisen Unvollständigkeit bedingt durch die Neuartigkeit der Methode, einen guten Gesamtüberblick über die derzeit vorhandenen Informationen zum 3D-Gebäudedruck. Die Zusammenstellung in Form eines Vergleiches von konventionellem Bau und 3D-Gebäudedruck bildet eine Grundlage für eine Bewertung, inwiefern der 3D-Druck mit Beton tatsächlich eine Alternative für die Erstellung von Gebäuden sein kann.

Der 3D-Gebäudedruck ist ein junges, aber auch vielversprechendes Verfahren, welches die Bauindustrie im Hinblick auf die Kosten- und Zeitreduzierung, den Grad der Automatisierung, sowie der architektonischer Gestaltungsfreiheit revolutionieren könnte. Die Analyse hat gezeigt, dass die Stärken der Methode überwiegen und sich viele Chancen in der Bauwirtschaft bieten. Dennoch sind einige Herausforderungen, was die Baustandards, Reife und Anerkennung der Technologie betreffen, zu überwinden, bevor der 3D-Druck sein maximales Potenzial in der Bauindustrie erreicht. Das bedeutet, dass voraussichtlich noch viel Zeit vergehen wird, bis diese Hindernisse beseitigt und der 3D-Gebäudedruck massenmarktfähig ist. Auf Grundlage der bisherigen Erkenntnisse kann schlussendlich jedoch festgehalten werden, dass der 3D-Druck sicherlich eine Alternative für die Erstellung von Bauwerken ist.

Abschließend ist anzumerken, dass es nicht allein in der Komplexität der neuen Gebäudeerstellungsmethode, sondern vielmehr in der Natur der Bauindustrie selbst liegt, dass die Einführung einer neuen Technologie so viele Hindernisse birgt. Es wäre durchaus sinnvoll in weiteren Untersuchungen den Faktoren, welche die Einführung neuer Innovationen in der Bauindustrie beeinflussen, weiter auf den Grund zu gehen und Strategien zu entwickeln, wie die darauf zurückzuführenden Hindernissen überwindet werden können.

Literaturverzeichnis

apis cor: [Technical specifications] Technical specifications of construction 3D printer. http://apis-cor.com/en/faq/texnicheskie-xarakteristiki-3d-printera/, Stand: 2018, Abrufdatum: 03.11.2018

apis cor: [Technology perspective] Technology perspective. http://apis-cor.com/en/about/blog/technology-perspective, Stand: 12.01.2017, Abrufdatum: 24.10.2018

apis cor: [apis cor Technology Description] apis cor Technology Description. http://apis-cor.com/files/ApisCor_TechnologyDescription_en, Stand: 2017, Abrufdatum: 07.09.2018

apis cor: [Construction technology] Construction technology. http://apis-cor.com/en/faq/texnologiya-stroitelstva/, Stand: 2017, Abrufdatum: 12.09.2018

apis cor: [Retained foundation framework] Apis Cor - Retained foundation framework. https://www.youtube.com/watch?v=wSRmggwm1Us&t=0s&list=PLhfiEfeMFgI4STPwor4kIXtIntw5kLejs&index=2, Stand: 06.04.2016, Abrufdatum: 10.10.2018

Baumanns, T., et al.: [Bauwirtschaft im Wandel] Studie: Bauwirtschaft im Wandel. Trends und Potenziale bis 2020, München 2016

Blayse, A. M.; Manley, K.: [Influences on construction innovation] Key influences on construction innovation. in: Construction Innovation, Heftnummer 3, 2004, S.143–154

Butzin, A.; Rehfeld, D.: [Innovationsbiographien in der Bauwirtschaft] Innovationsbiographien in der Bauwirtschaft, Gelsenkirchen 2008

Chamberlain, A.: [Automation and Robotics in Construction] Proceedings of the 11th International Symposium (Isarc), Brighton, 24-26 May, 1994. in: ISARC (Hrsg.), Automation and Robotics in Construction XI, Oxford 1994

CyBe: [3D Concrete Printers] 3D Concrete Printers. https://cybe.eu/3d-concrete-printers/, Stand: 2018, Abrufdatum: 22.10.2018

CyBe: [Projects] Projects. https://cybe.eu/projects/, Stand: 2018, Abrufdatum: 22.10.2018

D'Aveni, R.: [3D Printing Revolution] The 3-D Printing Revolution. in: Harvard Business Review, 2015, S.40–48

DEKRA: [Baumängel an Wohngebäuden] Zweiter DEKRA-Bericht zu Baumängeln an Wohngebäuden, Saarbrücken 2008

Deutscher Ausschuss für unterirdisches Bauen (DAUB): [Empfehlungen unbewehrter Beton] Empfehlungen zu Ausführung und Einsatz unbewehrter Tunnelinnenschalen. in: DAUB-Empfehlungen „Unbewehrte Tunnelinnenschalen", 2007, S.19–28

DGUV: [Arbeitsunfälle] Meldepflichtige Arbeitsunfälle je 1.000 Vollarbeiter. https://www.dguv.de/de/zahlen-fakten/au-wu-geschehen/au-1000-vollarbeiter/index.jsp, Stand: 2018, Abrufdatum: 11.09.2018

Die Deutsche Bauindustrie: [Bauwirtschaft im Zahlenbild] Bauwirtschaft im Zahlenbild, Berlin 2017

Dini, E.; Nannini, R.; Chiarugi, M.: [Patent D-Shape] Method and device for building automatically conglomerate structures, Italien 2006

Drobek, J.: [Auswirkungen von Kranken- und Unfallzahlen] Die Auswirkung von ungünstigen Witterungseinflüssen auf den arbeitenden Menschen in Hinblick auf Gesundheit und Produktivität, Hamburg 2003

Dummert, S.: [Arbeitsmarkt im Bausektor] Der Arbeitsmarkt im Bausektor, Nürnberg 2015

Eckert, W.: [Lärm in der Bauwirtschaft] Lärm in der Bauwirtschaft. Handlungshilfe zur Umsetzung der Lärm- und Vibrations-Arbeitsschutzverordnung, Berlin 2015

Eyerer, P.; Reinhardt, H.-W.; Kreißig, J.: [Ökologische Bilanzierung von Baustoffen] Ökologische Bilanzierung von Baustoffen und Gebäuden. Wege zu einer ganzheitlichen Bilanzierung, Basel 2000

Fernandes, G.; Feitosa, L.: [Impact of Contour Crafting on Civil Engineering] Impact of Contour Crafting on Civil Engineering. in: International Journal of Engineering Research & Technology (IJERT) Vol, 2015, S.628–632

Fetzer, R., et al.: [BKI Baukosten] BKI Baukosten 2018 Neubau. in: Baukosteninformationszentrum Deutscher Architektenkammern (Hrsg.), BKI Kostenplanung, Stuttgart 2018

Fraunhofer IRB-Verlag: [Bauforschungsprojekte] Bauforschungsprojekte. https://www.irb.fraunhofer.de/bauforschung/baufolit/projekt/CONPrint3D-Ultralight-Herstellung-monolithischer-tragender-Wandkonstruktionen-mit-sehr-hoher-W%C3%A4rmed%C3%A4mmung-durch-schalungsfreie-Formung-von-Schaumbeton/20170164, Stand: 2017, Abrufdatum: 15.11.2018

Gardiner, J.: [Design of construction 3D printing] Exploring the emerging design territory of construction 3D printing. Project led architectural research, Melbourne 2011

Goger, G.; Piskenik, M.; Urban, H.: [Potenziale der Digitalisierung im Bauwesen] Studie: Potenziale der Digitalisierung im Bauwesen. Empfehlungen für zukünftige Forschung und Innovation, Wien 2018

Gosselin, C., et al.: [Large-scale 3D printing] Large-scale 3D printing of ultra-high performance concrete – a new processing route for architects and builders. in: Materials & Design, 2016, S.102–109

Graubner, C.-A.; Hüske, K.: [Nachhaltigkeit im Bauwesen] Nachhaltigkeit im Bauwesen. Grundlagen - Instrumente - Beispiele, Berlin 2003

Haas, H.; Henger, R.; Voigtländer, M.: [Wohnimmobilienmarkt] Reale Nachfrage oder bloße Spekulation. Ist der deutsche Wohnimmobilienmarkt überhitzt?, Köln 2013

Hager, I.; Golonka, A.; Putanowicz, R.: [Future of Sustainable Construction] 3D Printing of Buildings and Building Components as the Future of Sustainable Construction? in: Procedia Engineering, 2016, S.292–299

Hauptverband der Deutschen Bauindustrie e.V.: [BGL 2015] BGL Baugeräteliste 2015. Technisch-wirtschaftliche Baumaschinendaten, in: Hauptverband der Deutschen Bauindustrie e.V. (Hrsg.), Baugeräteliste, Gütersloh 2015

Henke, K.: [Extrusion von Holzleichtbeton] Additive Baufertigung durch Extrusion von Holzleichtbeton, München 2016

Hwang, D.; Khoshnevis, B.: [Construction Process CC] An Innovative Construction Process-Contour Crafting (CC). in: International Association for Automation and Robotics in Construction (IAARC). 22nd International Symposium on Automation and Robotics in Construction. Ferrara, 2005, S.1–6

ICON: [corporate mission] Frequently asked questions. https://www.iconbuild.com/faq/, Stand: 2018, Abrufdatum: 18.10.2018

Khoshevis, B.: [Patent Contour Printing] Additive fabrication apparatus and method, USA 1995

Khoshnevis, B.: [Automated Construction by Contour Crafting] Automated Construction by Contour Crafting. Related Robotics and Information Technologies, in: Journal of Automation in Construction, Heftnummer 13, 2004, S.5–19

Kochendörfer, B.; Liebchen, J.; Viering, M. G.: [Bauprojektmanagement] Bau-Projekt-Management. Grundlagen und Vorgehensweisen, 4., überarbeitete und aktualisierte Auflage, Wiesbaden 2010

Kocijan, M.: [Digitalisierung im Bausektor] Digitalisierung im Bausektor. in: ifo Schnelldienst, Heftnummer 01, 2018, S.42–45

Kolb, B.: [Nachhaltiges Bauen] Nachhaltiges Bauen in der Praxis, München 2004

Liang, F.; Liang, Y.: [Status Quo of 3D Printed Buildings in China] Study on the Status Quo and Problems of 3D Printed Buildings in China. in: Global Journal of Human-Social Science, Heftnummer 14, 2014, S.7–10

Ma, G.: [3D printing technology of cementitious material] State-of-the-art of 3D printing technology of cementitious material. An emerging technique for construction, in: Science Chine / Technological sciences, Heftnummer 61, 2018, S.475–495

McKinsey Global Institute (MGI): [Reinventing construction] Reinventing construction: A route to higher productivity. Executive summary, Philadelphia 2017

Mechtcherine, V.; Nerella, V. N.: [3D-Druck mit Beton] 3-D-Druck mit Beton. Sachstand, Entwicklungstendenzen, Herausforderungen, in: Bautechnik, Heftnummer 4, 2018, S.275–287

Müller, A.: [Abfallmanagement auf Baustellen] Abfallmanagement auf Baustellen. Modul C: Abbruch und Rückbau, Weimar 2013

Näther, M., et al.: [3D-Druck Machbarkeitsuntersuchungen] Beton-3D-Druck - Machbarkeitsuntersuchungen zu kontinuierlichen und schalungsfreien Bauverfahren durch 3D-Formung von Frischbeton. Abschlussbericht, Stuttgart 2017

Nematollahi, B.; Xia, M.; Sanjayan, J.: [Progress of 3D concrete printing] Current progress of 3D concrete printing technologies. in: International Association for Automation and Robotics in Construction (IAARC). 34th International Symposium on Automation and Robotics in Construction (ISARC 2017). Melbourne, 2017, 260-267

Nerella, V.N., et al.: [Printability of fresh concrete] Studying printability of fresh concrete for formwork free Concrete on-site 3D Printing technology (CONPrint3D). in: Ostbayrische Technische Hochschule Regensburg (OTH). Tagungsband zum 25. Workshop und Kolloquium, 2. und 3. März an der OTH Regensburg. Hamburg, 2016, S.76–84

Oswald, R.; Schubert, P.: [Ausführung von Mauerwerk] Praxistipps für die Ausführung von Mauerwerk. Mit Erläuterungen zu DIN EN 1996 (Eurocode 6), Berlin 2013

Paul, S. C., et al.: [Fresh and hardened properties] Fresh and hardened properties of 3D printable cementitious materials for building and construction. in: Archives of Civil and Mechanical Engineering, Heftnummer 1, 2018, S.311–319

Refflinghaus, R.; Kern, C.; Klute-Wenig, S.: [Qualitätsmanagement 4.0] Qualitätsmanagement 4.0 - Status quo! Quo vadis? Bericht zur GQW-Jahrestagung 2016 in Kassel, in: Universität Kassel (Hrsg.), Kasseler Schriftenreihe Qualitätsmanagement, Kassel 2016

Sakin, M.; Kiroglu, Y. C.: [Sustainable Houses of the Future] 3D Printing of Buildings. Construction of the Sustainable Houses of the Future by BIM, in: Energy Procedia, 2017, S.702–711

Schroeder, P.: [Haus 30% billiger] Haus wird bis zu 30 % billiger. in: VDI nachrichten, Heftnummer 41 12.10.2017

Sobotka, A.; Pacewicz, K.: [Building Site Organization with 3DP] Building Site Organization with 3D Technology in Use. in: Procedia Engineering, 2016, S.407–413

Sozialkasse der Bauwirtschaft (SOKA-BAU): [Geschäftsbericht SOKA-BAU] 60 Jahre Zusatzversorgung in der Bauwirtschaft. Geschäftsbericht 2017, Wiesbaden 2018

Statistisches Bundesamt (Destatis): [Baugenehmigungen 2017] Bauen und Wohnen. Baugenehmigungen von Wohn- und Nichtwohngebäuden nach überwiegend verwendetem Baustoff. Lange Reihen ab 1980, Wiesbaden 2018

UPV Radiotelevisió: [Primera casa en 3D en España] Primera casa de hormigón impresa in situ en 3D en España (@BeMore3D). Noticia @UPVTV, 20-07-2018. https://www.youtube.com/watch?v=JQ-V_HAJpio, Stand: 20.07.2018, Abrufdatum: 23.10.2018

Winsun: [AECOM agreement] AECOM design elites gather in Winsun Suzhou factory to explore 3D architecture's future. http://www.winsun3d.com/En/News/news_inner/id/265, Stand: 28.10.2017, Abrufdatum: 23.10.2018

Wu, P.; Wang, J.; Wang, X.: [Critical review of 3D printing in construction] A critical review of the use of 3-D printing in the construction industry. in: Automation in Construction, 2016, S.21–31

Anlage: Detaillierte Zusammensetzung des TUD Mix 1 mit Ökobilanz

Grundrezeptur [kg/dm^3]	
CEM I 52,5 R ft OPTERRA	0,43
SFA Safament HKV	0,17
MSS Woermann	0,18
Sand 0,06-0,2 BCS 413	0,43
Sand 0-1 Ottendorf gesiebt	0,38
Sand 0-2 Ottendorf gesiebt	0,43
Wasser	0,18
FM MCPF 5100 MC-Bauchemie	0,01
BE CR 650 MC-Bauchemie	0
	2,21

Quelle: *Näther, M., et al.*: 3D-Druck Machbarkeitsuntersuchungen, 2017, S.92

Material	**%/m^3**	**graue Energie [MJ/m^3]**	**Primärenergie nicht erneuerbar [MJ/m^3]**	**CO2-Äqivalent**
Zement[119]	0,19	2546	2475	474
Flugasche	0,08			
Microsilica	0,08			
Fließmittel	0,00			
Sand[120]	0,56	85	10	1
Wasser	0,08	0	0	0
	1,00	**2630**	**2485**	**474**

Quelle: *Eyerer, P.; Reinhardt, H.-W.; Kreißig, J.*: Ökologische Bilanzierung von Baustoffen, 2000, S.50ff.; *Kolb, B.*: Nachhaltiges Bauen, 2004

Anmerkung: Eigene Hochrechnung auf Grundlage von Kennwerten, Angaben sind als Richtwerte zu verstehen

119 Bezogen auf 3,05 t/m^3

120 Bezogen auf 1,5 t/m^3